作物栽培七字歌

唐永全　编著

中国农业出版社

内容提要

本书用七字歌的形式，介绍了粮食作物栽培、经济作物栽培的基本知识与技术。粮食作物介绍了水稻、小麦、玉米、马铃薯、甘薯、大豆等6大作物，简述了谷子、高粱、荞麦、绿豆、大麦、燕麦、蚕豆、豌豆、小豆、山药、魔芋等11种小作物。经济作物介绍了棉花、油菜、花生、甘蔗、烟草等5大作物，简述了甜菜、甜菊、向日葵、芝麻、苎麻、红麻、亚麻等7种小作物。

本书形式新颖，内容言简意赅、简单明了、押韵顺口、易读易记，便于传播普及。适合普通农民、农业技术员及相关专业人员阅读。

本书计量单位的说明

为方便读者阅读，对本书非法定计量单位及其换算关系作如下说明：

1 公分＝1 厘米

1 寸≈3.33 厘米

1 亩≈667 米^2

1 斤＝500 克

前 言

我国作物栽培历史悠久。成书于北魏末年贾思勰的《齐民要术》就详细记载了一些作物的栽培经验和方法，以后历代学者编撰了不少关于作物栽培的书籍。新中国成立后，人们又根据现代作物栽培的发展，陆续出版了若干综合或单一作物栽培的专著或教材。目前，我国作物栽培教材包括作物栽培学总论、南方本和北方本，虽然学生可以学习南方本或北方本，但我国南北跨省招生和就业，又使学生工作后不得不重学工作地区的作物栽培知识。因此，简化作物栽培庞大的知识体系，让人们较快地掌握作物栽培基本理论和基本方法，对推广普及农业科学技术具有促进作用。

笔者在作物栽培教学和农业技术推广中发现，将作物栽培基本理论和基本方法用顺口溜的形式表现出来，有利于学生、农业技术人员和农民记住和传播，近几年又将我国南北方常见的栽培作物知识和技术进行整理，编著成《作物栽培七字歌》。本书分三部分。第一部分第1～3章，主要介绍作物栽培总论，包括概述、作物栽培与环境、作物栽培通用技术。第二部分第4～10章，主要介绍粮食作物栽培，包括水稻、小麦、玉米、马铃薯、甘薯、大豆等6大作物和谷子、高粱、荞麦、绿豆、大麦、燕麦、蚕豆、豌豆、小豆、山药、魔芋等

11种小作物。第三部分第11～16章主要介绍经济作物栽培，包括棉花、油菜、花生、甘蔗、烟草等5大作物和甜菜、甜菊、向日葵、芝麻、苎麻、红麻、亚麻等7种小作物。

我国古人曾用诗歌形式描绘了美丽的乡村田园、描写了勤劳的农民，但用歌诀反映作物种植方法的很少。清朝阮元（1764—1849）的“交流四水抱成斜，散作千溪遍万家。深处种菱浅种稻，不深不浅种荷花。”后两句可以算是作物种植方法。事实上，用歌韵形式来表述作物栽培理论与技术是很困难的，即为了专业又不押韵，为了押韵又不专业。因此，成书以后是否出版，笔者也十分踌躇。最后觉得应该有人来尝试，为后人做些铺垫，还是抛砖引玉吧。

在写作中，首先保证专业，其次照顾押韵。因而在同一段落中，有些专业术语可能出现同字相对或同字韵，这是照顾专业的需要。在韵的选用上，一般把in、ing、en、eng、un当作同一韵来对待，不分前鼻音和后鼻音；尽量考虑平仄相对，但也有平平或仄仄相对的，这也是专业需要或便于表述之需。另外，由于七字和韵的限制，有些表述因果倒装、词句倒置、省略简化、标点缺失、计量单位等，一般可从上下句理解含义，对难以理解的地方多在后面有注释；有些幅度数据，如高度、株数、节数、叶数、行株距、播种深度、温度、天数、时数等，多取中间数据表示。多数同一标题下为一韵，少数标题下有换韵，但每段只有一韵；一般都是偶句韵，也有不少首句韵。最后，作物栽培内容丰富庞杂，本书只能就相关重点、要点和特点进行阐述，详细理论与技术请见相关教材或专著。

因是国内首次用歌诀形式系统表述作物栽培理论与方法，加之笔者能力限制，书中定有不少缺点和错误，望读者批评指正。

博大精深高水平，大道至简好文章。深陈学术寻常见，浅述科普是妙方。

闲时喜欢读诗韵，退休前作七字歌。作裁内容大简化，要点特点来唠嗑。

理论技术皆所具，雅俗共赏各取需。愿对读者有帮助，精心编著非滥竽。

唐永金　（tangyj758@sohu. com）
（于四川绵阳，西南科技大学农学院）
2017年3月

目　录

第1章 概 述

1.1 作物赞歌

1.1.1 开花之歌

立春油菜株株绿，惊蛰花开朵朵黄。
株株高低蝴蝶舞，朵朵内外蜜蜂忙。

豆类开花花似蝶，红白紫黄压群芳。
葵花橙黄如金盘，从早到晚向太阳。
棉蕾开花色艳丽，香蕊引得蝶蜂狂。
荞花多色覆田野，红绿粉白艳山乡。

雌雄异花是玉米，一株两穗不平常。
雌穗着生半株腰，雄穗长在株顶上。
雌穗开花就抽丝，雄穗花后呈伞状。
风吹植株就传粉，授粉他穗很大方。

低温春化严寒苦，孕得麦花四月香。
稻穗花开高温热，发出清香送夏凉。
稻麦花朵挺羞涩，开花之时才颖张。
自花授粉有志气，不要虫风来帮忙。

作物花儿形色异，朵朵都是丰收粮。
若无花朵哪来果，作物开花值赞扬。

1.1.2 丰收之歌

棉桃吐絮朵朵白，胜过银河闪星光。
高粱熟了穗穗红，无数小旗插山冈。

小麦成熟黄满地，风吹麦田浪推浪。
水稻熟了穗勾头，株株稻谷粒粒黄。

谷子成熟毛弯串，金黄穗里小米香。
玉米熟时苞叶枯，内含果穗似金棒。

大豆成熟串串黄，轻摇植株籽粒响。
油菜熟时黄角果，粒粒种子发油亮。

土豆成熟叶枯萎[1]，泥中却把薯块藏。
花生熟时黄叶顶，土里荚果籽含香。

苎麻熟了叶常落，茎皮纤维厚又长。
甘蔗熟时茎色深，顶生叶片呈簇状，

作物丰收有食粮，更有产品销市场。
农民望见心里喜，日夜收获手脚忙。

【注释】

[1] 土豆是马铃薯的俗称，有些地方又称洋芋。

1.1.3 产品之歌

棉花纤维细又长，可用纺纱做衣裳。
稻子去壳成白米，天天食用碗碗香。
小麦籽粒磨成粉，馒头面条是主粮。
玉米大麦饲料用，畜禽长得很肥胖。

大豆豆腐都喜欢，植物蛋白很营养。
油菜花生来榨油，有油才有菜根香。
芝麻脂肪质量好，富含维E散芬芳[1]。
土豆常作菜蔬用，甘蔗甜菜来制糖。

时下人们生活好，常常食用小杂粮。
小米粒粒金灿灿，用来煮粥又熬汤。
荞麦凉粉人人宠，荞麦面条不相让。
绿豆清火煮稀饭，绿豆豆芽根根香。
魔芋健脾又开胃，养颜消肿利健康。
山药多糖有活性，饮食治病皆优良。

作物产品功能多，难用语言来赞赏。
根据需要选择用，营养健康身体强。

【注释】

[1] 富含维E散芬芳。维E指维生素E。

1.2　作物栽培目标

作物栽培多目标，优质节本产量高。
产品优质都喜欢，富含营养身体好。
成本节约利润多，增加产量人畜饱。
当今人们重健康，没有污染最重要。

1.3　作物种类

栽培作物种类多，面积最大是粮作。
纤维油料也不少，糖料嗜好不大多[1]。
种植绿肥偶尔见，绿肥使地变肥沃。
也种饲料喂禽畜，动物产品改生活。

各地条件不一样，因地制宜不用说。

【注释】

［1］糖料嗜好不大多。指糖料作物和嗜好作物的面积相比之下较少。

1.3.1 粮食作物

粮食作物分主杂，主粮产量要确保。
水稻小麦是主粮，保住产量很重要。
北方小麦主产区，品质优来产量高。
籼稻主产在南方，北方粳稻品质好。
玉米甘薯曾主粮，如今一般当饲料。

土豆淀粉价值高，多在山区主粮中。
大麦饲用酿啤酒，高粱制酒供大众。
华北西北盛产粟，古人主粮今杂用。
大豆蛋白脂肪多，南蛋北油取不同[1]。
绿豆蚕豆和豌豆，平衡营养蛋白供。

【注释】

［1］南蛋北油取不同。指南方主要作蛋白质用，北方主要作油用。

1.3.2 纤维作物

纤维作物数棉花，纺纱织布品质良。
三大产区有新疆，黄淮流域和长江[1]。
麻类作物种类多，亚麻苎麻红和黄[2]。
亚麻主产东西北，苎麻分布在南方。

【注释】

［1］黄淮流域和长江。长江，指长江流域。［2］苎麻亚麻红和黄。红和黄，指红麻和黄麻。

1.3.3 油料作物

油料作物有两强，花生油菜不相让。
油菜面积算最大，花生最高总产量。
长江流域产油菜，花生产地在四方。
华北西北胡麻子，还有中部芝麻香。
西北华北向日葵，油用食用很平常。

1.3.4 糖料作物

糖料作物种类少，两种作物最重要。
东北华北是甜菜，南方甘蔗产量高。
甜食可口不保健，人想吃糖不长腰。
甜菊体内无蔗糖，近来栽培很时尚。

1.3.5 嗜好作物

嗜好作物不是粮，兴奋提神是喜好。
茶叶可可和咖啡，面积最大是烟草。
吸烟虽然很刺激，烟里致癌物不少。
若要提神多喝茶，清新清肠少病扰。

第 2 章　作物栽培与环境

2.1　作物栽培生态原理

2.1.1　作物生态需求

2.1.1.1　必需生态因子

作物一生需生态，生态适宜好生长。
生长发育赖生态，种类数量都影响。
生态因子分类型，不同类型各担当。

必需因子不能少，缺少一个就死亡。
哪些因子是必需，光热水气和营养。
土壤地势非必需，海拔坡向助影响。

2.1.1.2　生态需求量

因子数量要适宜，过少过多都不好。
一般要求三基点，最低最适和最高。
作物生长分阶段，不同阶段有异效。

营养阶段根叶茎，氮素营养不能少。
生殖生长结花果，磷钾营养比较好。
营养生殖生长期，氮磷钾肥大量要。

2.1.2　作物生态型

作物自有原产地，异地迁来新种群。
多年适应异环境，形成不同生态型。

气候土壤和生物，皆是各自的成因。

气候差异变化大，温度日长来适应。
温度影响花分化，长日作物要低温。
低温春化分花芽，再经长日花才成。

日照长短光周期，形成短长日照型。
短日作物要开花，夏至过后才能行。
长日作物花要开，需过冬至或春分。

水稻陆稻不同型，原因在于土水分。
土壤水多宜水稻，湿润土壤陆稻型。
地力水平有影响，不同品种各适应。

生物种类也影响，同种作物异类型。
相同病害有的感，有些品种无病生。
生态适应作物变，变化多有遗传性。

2.1.3　生态因子作用规律

生态因子种类多，综合影响对农作。
互作促进或抵消，效应增减都有说。
限制因子是短板，常因过少或过多。
一旦解决该问题，生长发育就好过。

2.2　作物栽培与温度

2.2.1　温度与热量

作物生长需温度，温度变化在热量。
一年四季不同热，热量变化靠太阳。
地球围绕太阳转，太阳远近来影响。

太阳远时秋冬季，日照较少弱光强。
多数作物去休息，秋播作物才生长。
太阳近时春夏季，日照较多放强光。
水稻棉花玉米粟，春播作物生长忙。

2.2.2 低温与积温

作物苗期耐低温，拔节抽薹就不行。
此时正值花发育[1]，低温导致花难成。
小麦油菜过早播，产量减少此原因。

作物一生需积温，积温足时发育成。
计算积温有起点，起点以上才积温。
喜温作物是十度，喜凉作物大于零[2]。
喜凉作物多秋播，春播作物多喜温。

【注释】

[1] 此时正值花发育。此时指拔节至抽薹时期。[2] 喜温作物是十度，喜凉作物大于零。十度指 10℃，大于零指大于 0℃。

2.2.3 喜凉作物

喜凉作物耐低温，一生要求积温少。
一千五到二千二[1]，它们都能长得好。

喜凉作物分两类，耐霜耐寒各有招。
油菜春麦都耐霜，二到八度最低要[2]。
冬性麦类很耐寒，零下二十不死掉[3]。

【注释】

[1] 一千五到二千二。指 1 500～2 200℃。[2] 二到八度最低要。二到八度指 2～8℃。[3] 零下二十不死掉。零下二十指－20℃。

2.2.4 喜温作物

喜温作物喜热量，积温起点温度高。
一生二千四千度[1]，大于十度才有效[2]。

喜温作物分三类，各类不同温度要。
大豆谷子温凉型，红麻甜菜是一道。
高温不过二十五[3]，过此温度长不好。

水稻玉米温暖型，还有棉花和辣椒。
黄麻苎麻和甘薯，这个类型真不少。
适温不过三十度，低于二十长不好[4]。

高粱花生耐热型，还有甘蔗和烟草。
可耐高温近四十，三十度时正需要[5]。

【注释】

[1] 一生二千四千度。指 2 000～4 000℃。[2] 大于十度才有效。大于十度指大于 10℃。[3] 高温不过二十五。二十五指 25℃。[4] 适温不过三十度，低于二十长不好。三十度指 30℃，二十指 20℃。[5] 可耐高温近四十，三十度时正需要。四十指 40℃，三十度指 30℃。

2.2.5 保温栽培

春争日来夏争时，及时播种很重要。
春季早播怕低温，覆膜栽培是最好。

农膜盖在拱棚上，棚内温度就会高。
地膜覆在土壤上，土壤热量不能跑。
阳光照射过薄膜，增加温度很有效。
农膜分隔成内外，内外空气交换少。

农膜玻璃都保温，保温栽培前景妙。

2.3 作物栽培与光照

2.3.1 光合作用

绿色叶片似工厂，光合作用好地方。
叶绿色素如机器，生产动力是阳光。
二氧化碳是原料，还有水分不要忘。
生产快慢依温度，产物多少靠营养。

2.3.2 光强的作用

2.3.2.1 辐射与光强

辐射强度称光强，可见红外紫外光。
直接散射都辐射，直接辐射见太阳。
有光无日是散射，辐射量小效率强。
直接辐射更重要，光合作用高产量。

2.3.2.2 光强与营养生长

作物形态赖光强，较弱光强长不良。
机械组织发育少，秆细易倒节间长。
叶薄色淡枝蘖寡，作物群体少产量。
较强光照株矮健，高产要靠禾苗壮。

2.3.2.3 光强与生殖生长

花芽发育赖光强，成花多少大影响。
小花良好才受精，弱光小花长不良。
受精小花能结实，也要当时多阳光。
结实籽粒能饱满，物质量足运输畅。
作物一生要长好，前中后期光照强。

2.3.2.4 作物对光强的适应

作物一生需光照，不同光强有适应。
玉米高粱和甘蔗，喜欢强光很是行。
水稻谷子和棉花，较强光照过一生。
小麦油菜中强光，甘薯烟草和芜菁[1]。
大豆豌豆马铃薯，荞麦黑麦能耐阴。

【注释】

[1] 小麦油菜中强光，甘薯烟草和芜菁。指甘薯、烟草、芜菁同小麦、油菜一样喜欢中强光。

2.3.3 作物与光质

赤橙黄绿青蓝紫，都是光谱与光质。
红波光谱促伸长，短波光谱有抑制。
红光有利碳水物[1]，蓝光蛋白较适宜。
着色糖分在紫光，紫光纤维很不利[2]。

【注释】

[1] 红光有利碳水物。碳水物，指碳水化合物。[2] 紫光纤维很不利。紫光会降低纤维品质，尤其是降低麻类纤维品质。

2.3.4 栽培措施与光照

2.3.4.1 作物引种

引种首先看气候，气候相近易成功。
相同纬度气候似，主要在于日长同[1]。
如果温度也相近，人们常把纬度用。
两地生态要比较，条件相似可引种。

南北引种看日长，作物之间不相同。
短日作物向北引，生育推迟较严重。
保证安全和成熟，早熟品种易成功。
短日作物向南引，最好引进晚熟种。

长日作物向北引，生产实践少成功。
北引发育大提前，发育过早难越冬。
南引发育推迟多，难以开花不老翁[2]。
作物生产有教训，南北引种要慎重。

【注释】

[1] 相同纬度气候似，主要在于日长同。纬度相同日长相同，但温度不一定相同，只有在温度也相近的条件下，引种才易成功。根据“气候相似论”，两地气候相似，引种容易成功。

[2] 难以开花不老翁。因南方缺少典型长日作物（冬性）花芽分化发育所需的低温长日条件，在南方主要进行营养生长，难以开花成熟。

2.3.4.2 合理密植

合理密植很重要，关键在于用光照。
种植过密下无光，茎秆纤细容易倒。
栽培过稀露土地，植株稀少光跑掉。
过密过稀均不行，密度适宜产量高。

2.3.4.3 种植方式

田间光能要用够，种植方式有讲究。
行距穴距要科学，植株下部有光受。
穴近行远多采用[1]，行间可把光来透。
等行距离虽常见，宽窄相间才是优[2]。

【注释】

[1] 穴近行远多采用。穴近行远，指穴距较窄，行距较宽。

[2] 宽窄相间才是优。宽窄相间，指宽行与窄行相间种植。

2.3.4.4 育苗移栽

作物栽培先育苗，苗齐苗壮漏光少。
苗子小时在一起，不与前作争光照。

度过苗期栽大田，减少大田光失掉[1]。
一生积温能满足[2]，合理用光产量高。

【注释】

[1] 减少大田光失掉。减少了大田播种到成苗时期的土壤裸露而损失阳光。[2] 一生积温能满足。作物需要一定积温才能完成生长发育，播种迟了积温不够，若要早播，前作还未收获。

2.4　作物栽培与水分

2.4.1　作物对水的适应

作物生长需要水，水分多少看特性。
水稻莲藕需水多，还有荸荠茭白菱。
黄麻烟草马铃薯，燕麦甘蔗喜湿润。
耐旱怕涝向日葵，谷子甘薯和花生[1]。
小麦玉米和蚕豆，大豆豌豆中间型。
耐旱耐涝有作物，高粱木犀和田菁[2]。

【注释】

[1] 耐旱怕涝向日葵，谷子甘薯和花生。指谷子、甘薯、花生同向日葵一样耐旱怕涝。[2] 高粱木犀和田菁。木犀指草木犀。

2.4.2　作物生态需水

2.4.2.1　生态需水的作用

生理需水在内部[1]，生态需水养环境。
水分调节气温养，田间环境靠水分[3]。
生态需水用生理，生理用水有保证。
科学控制生态水，减少杂草和虫病。

【注释】

[1] 生理需水在内部。指作物主要用于维持体内生命活

动、体内微环境所需的水分。[2] 生态需水养环境。生态需水是为作物进行良好生理活动提供正常环境所需的水分。

2.4.2.2 土壤水、肥、气、热

作物若要长得好，水肥气热要协调。
水是其中主因素，调肥气热都需要[1]。
水多气少温度低，秋播作物长得糟[2]。

以水调肥控生长，调气用水根长好。
水分影响冠根比，干长根来湿长苗。
早春气温变化大，以水调节冷害少。
合理灌溉供水分，有利作物产量高。

【注释】

[1] 调肥气热都需要。指调肥、调气、调热都需要。[2] 秋播作物长得糟。指秋播作物播种时田间太湿、排水不良，不利于苗期生长，中后期也长不好。

2.4.3 调水措施

选好品种调播期，防旱措施数第一。
耐旱耐涝各不同，品种之间有差异。
根据旱涝选品种，选用品种要适宜。

敏感之时不受旱[1]，播种时间要考虑。
抢墒播种坐底水[2]，避免天旱防不利。
施用磷钾铜硼肥，增加土壤有机质。
改良土壤厚耕层，增强土壤抗旱力[3]。

如果土壤较干旱，播后镇压要及时[4]。
作物前期土壤干，可以中耕两三次[5]。
中耕减少水蒸发，土表耕层断孔隙。

表土温度有提高，春播幼苗会受益。

覆盖栽培可保墒，防治水分被散失。
排水栽培也重要，沟厢栽培和垄畦[6]。

【注释】

[1] 敏感之时不受旱。敏感之时指这时缺水对作物发育和产量影响很大的时间。[2] 抢墒播种坐底水。抢墒播种是在作物适宜的正常播期之前，根据土壤墒情及时播种的技术。坐底水，又称坐水栽培，就是在每个种子窝（坑）注（灌）水，使窝底充分湿润，以满足种子发芽的需要。[3] 施用磷钾铜硼肥，增加土壤有机质。改良土壤厚耕层，增强土壤抗旱力。前三句是措施，后一句是目的。[4] 播后镇压要及时。镇压是用一定重量的石磙在土表碾压，以便弥合土缝，防止透风跑墒。同时，有利于种子与土壤接触，有利种子吸水。[5] 可以中耕两三次。中耕，是在作物生长中期疏松行间表土，切断表土与耕层土壤的毛管孔隙，可以减少耕层土壤水分的蒸发，同时提高表土温度。[6] 沟厢栽培和垄畦。垄畦指把田间土壤做成垄或畦。垄面一般是弧形，畦面一般是平面。

2.5 作物栽培与肥料

2.5.1 作物需肥特点

2.5.1.1 作物必需元素

作物生长靠太阳，若要长好需营养。
一十七种营养素，必需到齐才生长。
根据数量分类型，大量中量和微量。
氮磷钾硅是大量，还应不忘碳氢氧。

中量元素钙镁硫，锰硼铜锌是微量。
碳氢氧氮空气有，吸收磷钾靠土壤。

空气之氮是惰性，豆科作物才用上。
作物需要常不足，要靠施肥来保障。
氮磷钾肥用量大，施用才有丰收粮。

2.5.1.2 作物需肥特点

作物一生不同期，需肥特点有差异。
中期量大后期弱，前期苗小少量吸。
三个要素量不同，氮钾较多磷较低。
水稻小麦需肥多，还有棉花和玉米。

2.5.1.3 作物对磷的吸收能力

土壤磷素很难溶，钙盐沉淀吸不动[1]。
吸收能力有差异，有些作物可利用。
油菜豌豆吸力强，大豆玉米吸力中。
麦类水稻吸收弱，谷子表现也相同[2]。

【注释】

[1] 钙盐沉淀吸不动。指磷与钙形成磷酸钙盐沉淀，植物一般难以吸收。[2] 谷子表现也相同。指谷子同麦类和水稻一样吸收弱。

2.5.1.4 作物对肥的偏好

稻麦玉米都喜氮，豆类氮多产量减。
花生豆类喜磷钙，喜钾甘蔗薯类棉。
水稻喜硅需要多，麦类玉米少一点。
根据作物的偏好，针对施肥会增产。

2.5.1.5 作物肥效敏感期

作物生理分阶段，不同阶段异反应。
营养元素用生理，缺素反应很灵敏。
磷素敏感在幼苗，此期缺磷苗老成。

稻麦分蘖和幼穗，氮钾敏感影响灵。
缺乏导致蘖花少，后期补施也不行。
棉氮临界现蕾初，缺肥植株易落铃。

2.5.2　施肥时期与肥料形态

2.5.2.1　施肥时期

适期施肥看方式，不同方式有变化。
堆肥厩肥有机肥，宜作底肥好埋渣。
追肥提前一星期，养分利用时不差。

适期施肥看作物，哪个适期肥效大。
油菜开花大肥效，一般要求施薹花。
棉花重施在花铃，玉米最好在喇叭[1]。
稻麦生产靠分蘖，基肥苗肥多为佳。

【注释】

[1] 玉米最好在喇叭。喇叭指玉米株顶出现喇叭形状的时期。

2.5.2.2　作物与肥料形态

水稻宜施铵态氮，硝态氮肥利用难。
恰与水稻不相同，甜菜适宜硝态氮。
氯盐不宜施烟草，易使烟草叶难燃。
怕氯还有马铃薯，降低淀粉产量减。

2.6　作物栽培与土壤

2.6.1　作物与土壤质地

土壤多为矿物质，它们都是成颗粒。
颗粒大小分类型，不同类型有差异。
沙土壤土和黏土，颗粒从粗到变细。

沙土粒间孔隙大，很少具有毛孔隙[1]。
保水抗旱能力差，养分水分易流失。
土壤通气条件好，温度升降很容易。
土壤养分分解快，作物前期很有利。
作物后期易早衰，养分供应难及时。
薯类花生喜沙土，芝麻蔬菜也适宜。

黏土粒间孔隙小，不易排水难透气。
作物前期生长慢，肥效迟缓温度低[2]。
作物后期生长好，结实率高好品质。

沙土黏土是极端，壤土颗粒好比例[3]。
水肥气热协调好，多数作物都适宜。
沙土黏土要改良，变成壤土才有利。
黏土一般要掺沙，沙土可以加些泥。

【注释】

[1] 很少具有毛孔隙。毛孔隙指毛管孔隙。[2] 肥效迟缓温度低。指土壤养分分解供应慢，土壤含水量大，土温低。[3] 壤土颗粒好比例。壤土类土壤含沙粒40%～80%，黏粒10%～60%；沙土类土壤含沙粒90%以上，黏粒含量不到10%；黏土类黏粒含量60%以上，沙粒少于25%。

2.6.2 作物与土壤结构

土壤结构两样分，剖面形态来构成。
剖面结构看立体，从上到下有四层。
耕作犁底和心土，最下底土是支撑。
耕层土壤最重要，多数根系在此生。

形态结构看形状，土粒结合啥组成[1]。
块状核状和柱状，片状团粒都分明[2]。

团粒结构为最好，水肥气热都均匀。
团粒之间可透气，团粒内部保水分。

耕层土壤要培育，要使团粒似球形。
深厚耕层团粒土，作物生产高产能。
为使土壤团粒多，有机肥料要施勤。
轮作栽培也重要，养地作物参与轮[3]。

【注释】

［1］土粒结合啥组成。指土粒之间结合后组成什么形状。［2］块状核状和柱状，片状团粒都分明。指土壤形态结构分成块状、核状、柱状、片状及团粒等类型。［3］养地作物参与轮。轮指轮作。

2.6.3　作物与土壤盐分

有些土壤盐分多，盐分过多很不利。
盐害[1]离子首数钠，还有硫酸碳酸氯。
适应盐害各不同，作物之间有差异。
有些作物适应强，逃避忍受显抗力。

逃避方式有三种，泌盐拒盐和盐稀[2]。
作物吸收多盐分，不存体内外分泌。
也有作物的细胞，能够拒绝把钠吸。
有些作物虽吸盐，多吸水分来稀释。

忍受盐害分作物，不同作物有高低。
蓖麻甜菜耐盐强，向日葵与草木犀[3]。
高粱棉花较耐盐，牧草黑豆也能适。
水稻小麦中耐盐，油菜谷子和玉米[4]。
大麦薯类不耐盐，花生大豆也不宜。

过多钠盐有危害，影响作物的生理。
土壤盐多吸水难，呼吸基质被丧失。
合成代谢不正常，酶的活性被降低。
土壤盐多危害大，降低产量和品质。

【注释】

［1］盐害。指土壤含盐量超过土壤干重0.3%以后对作物生长的不良影响。一般是 $MgCl_2$ ＞ Na_2CO_2 ＞ $NaHCO_3$ ＞ $CaCl_2$ ＞ $MgSO_4$ ＞ Na_2SO_4。［2］泌盐拒盐和盐稀。盐稀，就是稀盐，是一种避盐方式。［3］蓖麻甜菜耐盐强，向日葵与草木犀。指向日葵、草木犀同蓖麻、甜菜一样耐盐性强。［4］水稻小麦中耐盐，油菜谷子和玉米。指油菜、谷子、玉米和水稻、小麦一样属中耐盐。

2.6.4 作物与土壤酸碱度

土壤过酸与过碱，作物生长都减产。
酸多在于氢离子，氢离子多土壤酸。
碱多在于氢氧根，氢氧根多土壤碱。

我国土壤分南北，南方酸来北方碱。
土壤质地也影响，沙土碱来黏土酸。

酸碱影响营养素[1]，磷素需要不酸碱。
偏碱有利氮钾钼，锰铁锌铜宜偏酸。
不同作物有适应，适宜酸碱不减产。
麦类水稻宜中性，玉米大豆和橄榄[2]。
偏酸土壤马铃薯，烟草花生也宜酸。
偏碱土壤有苜蓿，豌豆甘蔗甜菜棉[3]。

土壤酸碱要改良，中性左右宜生产。
酸性土壤施石灰，土壤碱性用明矾[4]。

【注释】

［1］酸碱影响营养素。营养素指营养元素。［2］麦类水稻宜中性，玉米、大豆和橄榄。玉米、大豆、橄榄和小麦、水稻一样适宜中性土壤。［3］偏碱土壤有苜蓿，豌豆甘蔗甜菜棉。指豌豆、甘蔗、甜菜、棉花同苜蓿一样适宜偏碱土壤。［4］碱性土壤用明矾。明矾就是硫酸铝钾。

2.6.5 作物与土壤肥力

庄稼作物像枝花，若要高产肥当家。
人肥土壤土肥苗，地力优良高产花。
水肥气热稳匀足，土壤肥力才是佳。

养分指标用得多，有机物质氮磷钾。
全量速效有高低，多用它们来评价。
高肥土壤含量多，贫瘠土壤很缺乏。

有些作物耗肥力，高粱玉米损耗大。
麦类荞粟也严重，消耗较多返还差。
小麦玉米多耐肥，杂交水稻肥不怕。
豆科作物耐贫瘠，高粱荞麦不逊它。
根据肥力派作物，因地制宜产量佳。

第 3 章　作物栽培通用技术

3.1　土壤耕作技术

3.1.1　常规整地技术

作物扎根在土壤，支撑植株供营养。
土壤耕作表土层，以便作物好生长。
耕层结构气液固，都对作物有影响。
三相比例要适宜，要把耕作方法讲。

翻耕松耕和旋耕，不同方法不同性。
根据土壤和作物，适宜方法来进行。
翻耕表土底朝天，一般不动犁底层。
这种耕作需耙地，细碎土块地整平。

松耕土壤不翻转，疏松耕层犁底深。
分层深松不乱土，间隔深松虚实存。
切土碎土同时做，表土操作是旋耕。
一次作业少压地，犁耙平整同完成。

3.1.2　畦作和垄作

土壤耕作完成后，播前需要再整理。
根据作物和土壤，或做垄来或做畦。
地里垄沟来相间，通气排水两相利。
平地若是做长厢，这些条块就是畦。

做畦一般成条块，高畦平畦各相宜。
南方高畦利排水，北方平畦避温低。
畦宽垄窄畦顶平，垄顶弧形是相异。

3.1.3　免耕栽培

免耕栽培常一季，小春不耕大春耕。
一般用在稻茬田，直播移栽皆可行。
小麦播后稻草覆，保持田间土湿润。
油菜栽后覆稻草，避免行间杂草生。

田间免耕土壤紧，根系分布多表层。
作物后期容易倒，田间管理要认真。
小春收后抢时间，旱地翻耕不进行。
棉花玉米直栽种，生长期间再中耕。

3.2　种子处理与播种

3.2.1　种子处理

播种之前要清选，粒粒种子都饱满。
没有杂质和杂粒，发芽率高无霉烂。
选好种子再晒种，晴日摊晒一两天。
如果土壤有病菌，播前还需把药拌。
浸种催芽也常用，避免田间发芽慢。

3.2.2　播种方法

播种方法有三种，撒播条播和穴播。
撒播种子无行窝，不便田间干农活。
播种虽然很方便，出苗不齐杂草多。

条播土壤开行沟，沟内种子均匀落。

行间通风透光好，有利管理和间作。
大株作物宜穴种，按照行距打成窝。
此法适合地不平，土壤较湿和山坡[1]。

【注释】

［1］此法适合地不平，土壤较湿和山坡。指适宜在不平的土地、土壤较湿的土地和山坡地采用穴播方式。

3.3 育苗技术

3.3.1 育苗要求

育苗土壤无杂草，松软粒细肥力好。
苗床四周易排水，地势不低也不高。
床面平坦向阳光，周围有土不干燥。
早春育苗保温湿，秸秆地膜要盖牢。

3.3.2 水稻育秧

水稻育苗称育秧，方式方法有多样。
湿润苗床在水田，厢面要平做水耥。
上糊下湿谷入泥，床面湿润要经常。

旱育苗床在旱地，不要用水淹苗床。
培肥床土是关键，精细管理秧苗壮。
近年育秧用软盘，手抛机插两方便[1]。
软盘基质上播种[2]，秧苗连盘同运放。

培育壮秧靠管理，合理灌溉水适宜。
湿润育秧水浇灌，要求晴天满沟水。
阴天半沟雨天无[3]，厢面灌溉要间隙。

苗床追肥肥不缺，追肥两次不误时。

首次要求二叶期，栽前一周施二次。
速效氮肥和磷钾，腐熟粪水混合施。

苗期病虫立枯病，稻瘟蓟马要防治。
苗床集中好施药，及时防治莫要迟。

【注释】

［1］抛秧机插两方便。指软盘育秧既用在抛秧栽培上，也可用在机器插秧上。［2］软盘基质上播种。基质指肥沃壤土和有机质组成的营养土。［3］阴天半沟雨天无。指阴天半沟水，雨天沟无水。

3.3.3 营养钵育苗

沃土七成肥三成，洒水适宜刚湿润。
手握成团一米地，落地就散为标准。
纸杯塑杯可作钵，装满此土排列紧。
钵间要有细土填，钵土播后把水喷。
每钵播种一两粒，播后盖土一公分。

3.3.4 方格育苗

苗床沃土拌堆肥，土肥相伴混均匀。
边拌边施粪尿水，刚现泥浆厢抹平。
待到厢面不粘手，这时划格就可行。
八九厘米正方形，五六厘米方格深。
每格播种二三粒，播后盖土两公分。

3.3.5 旱地露天育苗管理

培育壮苗靠管理，管理重点育根系。
合理灌溉很重要，水分过多根不利。
幼苗小时抗旱弱，浇灌水分要适宜。

小苗三叶要离乳[1]，首次施肥二叶期。
为了移栽少缓苗，栽前一周施二次。
速效氮肥和磷钾，搭配腐熟稀粪水。

如果苗床植株挤，可以间苗两三次。
一个钵格留一株，育成壮苗较容易。
苗床常有病虫害，注意防治要及时。
不同作物害不同，根据害情把药施。

【注释】

[1] 小苗三叶要离乳。离乳，指作物三叶前靠胚乳提供养分，三叶时胚乳养分将会消耗完，慢慢依靠根系供养分。

3.3.6 保温育苗管理

早春一般气温低，盖膜育苗很适宜。
苗床管理分三段，密封炼苗揭膜期。
密封阶段重保温，有利发芽出苗齐。
如果膜内温过高，可揭两端以换气。

炼苗阶段促苗壮，日揭夜盖防温低。
根据苗情来炼苗，炼苗不要心太急。
揭膜时期很重要，过早过晚都不利。
过晚容易苗徒长，过早温低苗不适。

3.4 移栽技术

移栽时期咋确定，茬口作物和苗龄。
玉米苗龄三十天，棉花三叶就可行。
油菜移栽在六叶，水稻移栽半叶龄[1]。

移栽最好要带土，少伤根系利苗情。

钵格育苗连土栽，适宜窝大窝较深。
钵格土壤不外露，周围土壤要挤紧。
栽好幼苗浇足水，以利作物好生根。

【注释】

[1] 水稻移栽半叶龄。水稻移栽时的叶龄指数为 40%～50%。叶龄指数是以最后一叶全出为 100%。

3.5 作物种植方式

3.5.1 熟制与复种

同一田地一年内，种收一次为一熟。
我国东北气温低，一年一熟多为主。
华北中原暖温带，一年二熟常制度。
长江流域气候暖，二熟为主三熟辅。
华南地区亚热带，一年三熟种收处。

一年种收过两熟，作物生产叫复种。
两季作物咋搭配，不同年间可不同。
复种方式应变化，土壤养分合理用。

3.5.2 间作和混作

同田同季一作物，单作净作是名称。
若是超过两作物，还看行带是否分。
成行成带是间作，无行无带混作名。

间作作物有差异，资源利用各优势。
谷类豆类常相间，高秆矮秆相间宜。
间作通风透光好，两种作物都有利。

3.5.3 套作

套种作物属两季，虽然种在同田里。
后茬作物播栽时，前茬作物已后期。
前茬作物预留行，后茬作物播栽地。

套作时间很重要，共生一月较适宜[1]。
前茬倒伏及时理，避免来把后茬欺。
前茬成熟及时收，后茬生长才有利。

【注释】

[1] 共生一月较适宜。指后茬作物播种出苗后或移栽后到前茬作物收获的时间在1个月左右。

第 4 章　水稻栽培

4.1　概述

4.1.1　水稻分布

水稻分布亚热带，热带种植也平常。
亚洲栽培占九成，我国主产在南方。
水稻分布面较窄，只因喜水喜热量。
东南各国主产稻，多是出口大粮仓。

4.1.2　水稻变种

水稻种为栽培稻，栽培稻下分籼粳。
籼粳稻分早中晚，早中晚下水陆型。
水陆型下分粘糯，粘糯下面品种分。
生产常用是粘稻，粘稻高产受欢迎。

4.1.3　水稻生态型

籼稻蘖多繁茂好，喜欢温度和强光。
耐肥较弱易倒伏，颖壳毛短籽粒长。
南方平丘常分布，我国水稻主产粮。
粳稻特性恰相反，北方分布主地方。

早中晚稻三种型，主要在于光适应。
短日敏感是晚稻，早稻感光不灵敏。
晚稻开花夏秋后，日长变短才能行。
晚稻若是春季播，春夏之时花难成。

早稻早播能开花，因有相反感光性。
中稻特性早晚间，种植最多适农民[1]。

水稻种在水田里，常常需要有水层。
陆稻生在陆地上，土壤潮湿就能行。
陆稻种子发芽强，多需空气少水分。
陆稻茎粗叶色淡，耐旱力强粗大根。
米质不如水稻好，产量较低难比拼[2]。

【注释】

[1] 中稻特性早晚间，种植最多适农民。指中稻的温光反应特性在早稻和晚稻之间，适合农民栽培的需要。[2] 产量较低难比拼。难比拼，指难与水稻相比。

4.2 水稻栽培生物学基础

4.2.1 水稻的根系

水稻属于须根系，胚根长成种子根。
分蘖节上根原基，不定根系渐形成。
根系数量渐增多，抽穗之后不再增。
根系分布耕作层，最后形成倒卵形。

4.2.2 水稻的叶

水稻叶主两部分，叶鞘叶片来组成。
交界之处有叶耳，还有叶舌和叶枕。
叶的数量变化大，这与品种关系紧。
早稻叶少晚稻多，中熟品种中间型。
十五六叶最常见，三分之二基部生。

4.2.3 水稻分蘖

水稻分蘖很重要，有效穗数不可少。

四叶出时始分蘖，一直持续拔节到。
拔节之前十五天，之前分蘖才有效。
水稻需要成穗多，一般要求分蘖早。

4.2.4　水稻的茎

水稻茎有三功能，支持输导和储藏。
基部密集生根蘖，上部伸长仅叶长。
水稻高产要壮苗，壮苗就要茎秆壮。
茎壮水稻不易倒，才能获得丰收粮。

4.2.5　水稻的穗

水稻花序复总状，枝梗长在穗轴上。
穗轴有节十多个，一次枝梗的地方[1]。
枝梗一般生二次，一次二次小穗长。
每个小穗三颖花，两朵退化一正常[2]。
正常小花若结实，就是稻谷食用粮。

【注释】

[1] 一次枝梗的地方。指着生一次枝梗的地方。[2] 一次二次小穗长。指在一次和二次枝梗上着生小穗。

4.2.6　水稻产量构成因素

产量构成三因素，穗数粒重和粒数。
穗数形成拔节前，插苗不够分蘖补。
粒数始于花分化，决定数量灌浆初[1]。
影响粒重灌浆后，后期影响在稻谷[2]。

【注释】

[1] 决定数量灌浆初。指在灌浆初能灌浆的就可结实成粒。[2] 后期影响在稻谷。指后期对稻谷本身大小或重量影响大。

4.2.7 稻米品质

稻米品质很重要，市场需要品质好。
加工品质看碾磨，整精米率要求高。
外观品质看垩白，优质米粒垩白少。

蒸煮食味好品质，软硬黏性色味妙。
营养品质看蛋白，含量恰当组成巧[1]。
卫生品质看残留，砷镉汞铅和农药。

我国稻米资源多，许多地方好品质。
江苏太湖产香粳，广东增城丝苗米。
贵州惠水有黑糯，陕西黑米云南紫[2]。

种类气候和土壤，形成特有稻品质。
粳稻就比籼稻好，北方粳稻就好吃。
晚中稻比早稻好，早稻品质无优势。

【注释】

［1］营养品质看蛋白，含量恰当组成巧。指大米蛋白质含量不高不低，以便淀粉吸水膨胀及糊化，适口性好；氨基酸种类组成合理，谷蛋白及多种人体必需氨基酸含量高。［2］陕西黑米云南紫。指陕西洋县黑米和云南紫米。

4.3 水稻育秧

4.3.1 水稻秧苗的类型

水稻秧苗有大小，不同大小不同性。
小苗中苗和大苗，多蘖壮秧四类型。
小苗一般三片叶，四五叶片中间型。
小苗中苗抢早栽，机茬抛秧均可行。

六七片叶是大苗，一季中稻多发生。
人工栽插最常用，水稻生产多流行。
多蘖壮秧八九叶，前作迟收是主因。
用在晚稻和中稻，生育时间有保证。

4.3.2　水稻壮苗标准

水稻壮苗有标准，根据标准来确认。
形态特征首先看，叶宽苗健有弹性。
假茎粗扁叶鞘短，叶色深绿无虫病。
群体整齐差异小，粗短新鲜扁白根。
生理指标也重要，具有强大光合能[1]。
碳氮适中发根强，束缚水多抗逆性[2]。

【注释】

[1] 具有强大光合能。指光合能力强。[2] 束缚水多抗逆性。指束缚水含量高，抗逆性强。

4.3.3　壮秧的意义

农谚秧好一半谷，说明壮秧很重要。
壮秧栽后返青快，缓苗时短起发早。
壮秧体内物质多，器官原基质量好[1]。
生长整齐早分蘖，穗多穗大产量高。

【注释】

[1] 器官原基质量好。指根、茎、蘖、穗原基的质量好。

4.3.4　播种期

春争日来夏争时，气温适宜勿要迟，
早播晚播隔一天，水稻生长也差异。
播期影响因素多，品种气温要考虑。
粳稻气温在十度，一十二度籼稻宜[1]。

晚稻播期看抽穗，抽穗安全最重要。
粳稻抽穗二十度，二十二度是籼稻[2]。
杂交水稻二十三[3]，不要低于这指标。
晚熟品种播期宽，早熟品种适当早。

播期还应思茬口，前作后作考虑到。
前作如果收获晚，一定不要播种早。
秧龄过长早抽穗，水稻植株长不好。
过迟播种发育短，水稻产量不能高。
如果稻田有后作，后作推迟长得糟。

【注释】

[1] 粳稻气温在十度，一十二度籼稻宜。指日均气温稳定通过10℃播粳稻，稳定通过12℃播籼稻。[2] 粳稻抽穗二十度，二十二度是籼稻。指粳稻抽穗时的日均温不低于20℃，籼稻不低于22℃。[3] 杂交水稻二十三。指籼型杂交稻抽穗时日均温不低于23℃。

4.3.5 稻谷催芽

4.3.5.1 催芽的要求

若要稻谷出苗快，人工催芽促进它。
快齐匀壮是要求，缺少一个也不佳。
快是三天可催好，齐是九成把芽发。
匀是根芽都一致，壮是鲜白扁粗芽。

4.3.5.2 催芽技术

先将稻谷温水浸，七八分钟就可行。
再将稻谷入温室，三十五度的高温。
胚根露出稻谷外，高温破谷就完成。

高温之下呼吸快，导致苗床温度升。

防止高温烧根芽，适宜温度齐芽根[1]。
翻堆散热并通气，二十五度温水淋。

根芽长度合要求，摊晾炼芽要抓紧。
播种之前放室内，保持通气自然温。

【注释】

［1］适宜温度齐芽根。适宜温度指 25℃。

4.3.6　露地湿润育秧

4.3.6.1　秧田要求

湿润育秧用得广，技术环节要跟上。
秧田首先要选好，肥力较高又向阳。
有机肥料磷钾肥，底肥施足秧苗壮。
田间耕作土碎细，泥软沉实把田晾。

4.3.6.2　做厢与播种

一米四五开厢沟，开好厢沟就做厢。
厢面平整无渍水，然后可把种子放。
落谷均匀要一致，粒粒种子入泥浆。
合理密度很重要，每厢种子要计量。

4.3.6.3　秧田管理

秧田管理要注意，芽期不能把水上。
二叶以前多露田，以后浅水上苗床。
一叶一心清粪水，这是幼苗断奶粮。
三叶以后成苗期，水层适宜防徒长。
移栽之前三五天，送嫁肥料要施放。
水肥管理要及时，确保苗床秧苗壮。

4.3.7 水稻烂种烂秧死苗的防止

4.3.7.1 烂种及其防治

水稻育秧常见到，烂种烂芽又死苗。
烂种原因比较多，种子环境都重要。
种子本身发芽低，催芽之时有“烧包”[1]。
浸种吸水不充分，气温较低播种早。

防止烂种有办法，选用种子质量好。
晴晒种子易吸水，浸种之前把毒消。
催芽条件严要求，避免温度过低高[2]。

【注释】

[1] 催芽之时有“烧包”。烧包指高温烧芽。[2] 避免温度过低高。指避免温度过低过高。

4.3.7.2 烂芽及其防治

烂芽首先是芽干，幼芽失水来形成。
晴天幼芽失水快，幼根吸水慢腾腾。
田间管理要科学，合理调节床水分。
寒潮过后缓排水，避免幼芽干幼茎。

烂根烂芽缺氧气，有氧呼吸被抑制。
主要原因长淹水，秧苗不能氧呼吸。
同时若有寒潮侵，机能减弱抗力低。
也因肥料未腐熟，产生大量毒物质。
施用腐熟有机肥，湿润灌溉可防止。

4.3.7.3 死苗原因及其防治

死苗多在三叶期，低温抑制苗活力。
营养缺乏幼苗弱，许多病菌来侵袭。
低温病害致苗死，主要加强床管理[1]。

选用品种要耐寒，浅水灌溉防温低。
及时施用“断奶肥”，科学用药把病治。

【注释】

［1］主要加强床管理。床指苗床。

4.4　水稻移栽与大田管理

4.4.1　稻田耕整

4.4.1.1　高产稻田的土壤特征

要得水稻产量高，优质土壤很重要。
土壤保肥又保水，软硬适宜好构造。
养分充足又协调，微量元素不缺少。
有益生物活动旺，保温保热性能好。

4.4.1.2　稻田耕整原则

按照原则把田整，土肥相容混合匀。
没有杂草和残茬，秧苗栽后易生根。
冬闲田块种水稻，上季收后及时耕。
栽秧之前再耕耙，土粒细软泥面平。

小春收后种水稻，前作抢收要抓紧。
收后田块及时耕，一犁一耙也可行。
如果土壤较黏重，三犁二耙仔细整。
早稻收了栽晚稻，浅耕埋茬或免耕。

4.4.2　水稻合理密植

合理密植很重要，个体群体都协调。
适当扩大叶面积，群体光能利用高[1]。
合理密植三途径，增加穗数第一条。
适宜早熟迟栽田，瘦田肥少和弱苗。

基本苗多加密度，争取多穗产量高。

第二条是增穗重，适当稀植靠壮苗。
提高单株蘖成穗，增加粒多粒重高。
肥田垄作可采用，大穗品种更是好。
穗数穗重两兼顾，这是途径第三条。
中肥田块多采用，栽培管理要求高。

【注释】

［1］群体光能利用高。指群体光能利用率高。

4.4.3 水稻移栽的方法

移栽方法有四种，手工拔插最传统。
拔秧之时易伤根，大苗移栽多采用。
人工铲秧带土栽，适宜小苗栽田中。
机械插秧规模田，速度很快省人工。
抛秧栽培适田平，节省时间和劳动。

4.4.4 水稻施肥

4.4.4.1 水稻施肥时间

产量因素若需够，施肥时间有讲究。
若要施肥增穗数，基肥蘖肥占大头。
如果施肥把粒增，促花肥料要施够。
提高粒重结实率，齐穗施肥不延后。

4.4.4.2 施肥模式

水稻施肥三模式，不同模式法不一。
底肥施用一道清，耕田之时全部施。
前促施肥重在前，三成蘖肥七成基[1]。
前促中控后补法，中期肥料向后移。

【注释】

[1] 三成蘖肥七成基。指分蘖肥占30%，基肥占70%。

4.4.5　水稻水管理

4.4.5.1　不同时期水管理

返青期间浅水层，有利发根和返青。
如果早春气温低，白天水浅夜间深。
期间遇到寒潮来，适当深灌利苗情。
返青期间阴绵雨，不留水层灌湿润。

分蘖期间宜浅水，湿润浅水相间行。
短期落干田透气，促进分蘖早发生。
分蘖后期宜晒田，减少无效蘖形成。
水稻孕穗水敏感，要求田间有水层。
浅水湿润相交替，协调水气不矛盾。

抽穗开花不能旱，如果缺水空粒增。
田间保持有水层，有利结实防高温。
灌浆结实不脱水，间隙灌溉较适应。
减少秕粒增粒重，不早衰来不贪青。

4.4.5.2　水稻晒田

分蘖后期拔节前，水稻适宜来晒田。
晒田田间排干水，土壤性质被改变。
水少气多温升高，环境变化供肥减。

无效分蘖受控制，养分供应向穗转。
调整株相促根系，秆壁变厚节间短。
茎鞘增加贮藏物，碳氮代谢得改善。
提高分蘖成穗率，有利穗重和高产。

晒田适宜有时间，植株对水不敏感。
茎蘖数等成穗数[1]，一般就可始晒田。

晒田程度看苗情，还据土壤来判断。
苗足田肥长势旺，早晒重晒心不软。
晒到田里不陷脚，叶色转黄很明显。
其他情况迟轻晒，田面紧皮叶色淡[2]。

【注释】

［1］茎蘖数等成穗数。指田间主茎数和分蘖数之和与要求的成穗数相等时。［2］田面紧皮叶色淡。指晒田晒到田面泥土紧皮、植株叶色略褪淡即可。

4.4.6 田间管理

4.4.6.1 返青分蘖期

返青分蘖有特点，决定穗数是关键。
营养生长是中心，奠定基础为高产。

要求缩短返青期，分蘖早发无效减[1]。
查苗补缺要及时，保证苗够苗齐全。
看苗施用分蘖肥，根据苗情把水管。
防治“坐蔸”和病虫，随时田间多照看。

【注释】

［1］分蘖早发无效减。无效减指减少无效分蘖。

4.4.6.2 拔节长穗期田间管理

这个时期是中间，拔节直到抽穗前。
营养生殖并进长，两个方面须顾兼。
保蘖增穗很重要，增花保粒也关键。

多种器官生长快，积累物质占一半。
需水需肥都较多，外界条件很敏感。

保蘖增穗促穗重，防止徒长需壮秆。

巧施穗肥促大穗，保证结实花不减。
合理灌溉不缺水，这个时期不受旱。
稻瘟螟虫和黏虫，及时防治不怠慢。

4.4.6.3　抽穗结实期的田间管理

此期抽穗到成熟，稻谷发育是重点。
生理代谢碳为主，光合产物向粒转。
养根保叶不早衰，增加穗重靠田管。
抽穗开花浅水层，乳熟期间间隙灌。
若为下茬种小春[1]，黄熟初期可水断。

粒肥施用控制好，要把天气苗情看。
多雨寡照不施肥，苗绿施肥把青贪。
防治田间纹枯病，颈瘟飞虱也普遍。
稻穗成熟及时收，不要粒落产量减。

【注释】

［1］若为下茬种小春。种小春指种小春作物。

4.5　水稻抛秧栽培

4.5.1　软盘秧苗特点

抛秧育苗用软盘，软盘秧苗有特点。
软盘上面有小钵，种子播在钵里面。
钵里空间很狭小，秧苗生长较缓慢。
秧苗较矮叶片小，根系生长卷成团。
根数不多活力高，抛入大田即舒展。

4.5.2　抛秧大田生长特点

秧苗抛时带泥土，不需时间把苗缓。

分蘖快发起步早，因为苗在泥表面。
个体生长较充分，株型表现较松散。

叶面积大分布广，没有行间占空闲。
根系发达数量多，集中分布入泥浅。
肥水调控要注意，根倒一定要避免。

4.5.3 抛秧育苗

水稻抛秧先育苗，育苗一般有三环。
第一环节不可少，湿润方法做秧田。

秧田厢面未干时，就在上面铺软盘。
软盘钵下有小孔，水分上行很方便。
小钵里面放种子，粒粒种子要饱满。

第二环节配基肥，然后再把细土拌。
拌好细土来盖种，均匀盖在钵上面。
第三环节施肥水，湿润育秧方式管。

4.5.4 抛秧

抛秧大田要整平，没有根茬田干净。
土层上糊下松软，适宜田面浅水层。
品种气候定密度，还有土壤和苗龄。

晴朗无风宜抛秧，尽量抛高抛均匀。
抛后匀密来补稀，秧苗分布要调整。
作业空行要清理，方便开沟方便行。

4.5.5 抛秧栽培大田管理

抛后五天湿润灌，晴天薄水阴天干。

立苗浅水促分蘖，苗到八成始晒田[1]。
作业行挖排水沟，排水晒田很方便。
多次轻晒土沉实，直到稻谷把浆灌。
此后土壤要湿润，可把衰老来延缓。

抛秧稻田返青快，分蘖早发够苗早。
分蘖数多成穗低，后期群体容易倒。
减少基肥分蘖肥，穗肥比例要提高。
抛秧之时秧苗小，湿润管理易长草。
及时防治病虫害，防治杂草也重要。

【注释】

[1] 苗到八成始晒田。指茎蘖总数到要求穗数的80%就可以晒田。

4.6　机械插秧栽培

4.6.1　机插水稻生育特点

机插水稻软盘育，密度较大植株多。
幼苗生长较整齐，苗体较小抗逆弱。
插入大田返青慢，开始分蘖两周过。

机插秧龄时间短，分蘖时间在大田。
大田分蘖节位多，只因入泥深度浅。
分蘖数多成穗少，因为分蘖时间短。

不能早播育大苗，大苗机插不方便。
播期推迟不得已，生育时间被缩减。
个体发育不充分，单穗重量略减产。
群体高产靠穗多，多需主穗来承担。

4.6.2 机插水稻育秧技术

机插育秧需苗床，苗床湿润做成厢。
厢面平整要沉实，秧盘厢面来铺放。
秧盘对齐铺衬套，底土填在衬套上。
底土盖土皆肥沃，事先培肥堆制良。

底土铺平可播种，播种种子要精量。
种子催芽到破谷，粒粒均匀来撒放。
放好芽谷就盖土，厚度遮谷就恰当。
厢沟灌水要及时，盖好种子就造墒。

沟内水满厢湿润，切勿大水厢面淌。
盖膜之前若土干，应该喷水湿土壤。
一叶一心就揭膜，七天左右不要长。
管水要求厢面湿，断奶肥料要适量。

4.6.3 机插要求与田间管理

机插水稻大田平，无茬泥软肥料匀[1]。
水层一到二厘米，土壤泥脚不要深。
严防伤秧和漂秧，机艺配合方可行[2]。
机插之后要灌水，保持三天深水层。
以后浅水湿润灌，有利分蘖和发根。
早施蘖肥促分蘖，以便分蘖早发生。
苗数到了七八成[3]，断水晒田要抓紧。
此后管理按常规，施肥浇水看苗情。

【注释】

[1] 无茬泥软肥料匀。无茬指尽量没有前作根茬。[2] 机艺配合方可行。指农机和农艺密切配合。[3] 苗数到了七八成。指茎蘖数到了计划穗数的70%～80%。

4.7 直播栽培

4.7.1 直播水稻的优势

直播水稻不育苗，不用秧田又省劳。
增加作物播种面，复种指数有提高。
减少用工和肥料，节约成本又增效。
便于机播规模化，直播水稻前景好。

4.7.2 直播水稻生育特点

生育期短植株矮，主茎叶片数减少。
发生分蘖节位低，分蘖较多高峰早。
根系较多分布浅，后期植株容易倒。
个体发育不充分，单穗重量略变小。

4.7.3 栽培技术

直播要把品种选，早熟品种应优先。
根系发达穗型大，质优抗倒又高产。
精细整地土细平，耕层深厚泥松软。
没有残茬和杂草，不露泥土水层浅。

及时播种要精量，发芽率高保苗全。
播后水层三厘米，发芽之后要晾田。
为了分蘖早发生，二叶一心蓄水浅。

直播田里杂草多，防治杂草很重要。
促进稻苗快生长，通过苗壮来压草。
人工水肥和农药，农防化防要协调。

直播根系分布浅，群体偏大个体小。

田间管理中后期，栽培措施重防倒。
浅水晒田间隙灌，促进扎根育壮苗。
提高穗肥施用量，分蘖肥料要减少。
拔节喷施多效唑，降低株高效果好。

第 5 章　小麦栽培

5.1　概述

5.1.1　小麦的分布

小麦作物喜冷凉，温带分布最平常。
也有分布亚热带，寒带种植也生长。
美俄中印加法澳，许多国家是主粮。
秦岭以北长城南，我国小麦主产量。

5.1.2　小麦的种

小麦种有二十多，普通小麦占九成。
质地较软产量高，容易制作好食品。
硬粒小麦品质好，产量较低难欢迎。
密穗圆锥其他种，育种材料才能行。

5.1.3　小麦生态型

5.1.3.1　温度生态型

小麦品种生态型，温度首先来适应。
低温要求作依据，冬性春性半冬性。

冬性低温很严格，不合要求不得行。
零到三度一个月[1]，苗期经过花形成。
冬性小麦在华北，满足要求有低温。

春性要求不严格，成花未必要低温。

十度左右一十天[2]，经过春化就能行。
华南西南冬季暖，小麦品种多春性。

五度左右二十天[3]，就可满足半冬性。
春化要求居中间，中原华东麦田生。

冬性春性是极端，中间许多过渡型。
冬春强弱可细分，从强冬来到强春。
不同地区温度异，需要不同感温性。

【注释】

［1］零到三度一个月。零到三度指 0～3℃。［2］十度左右一十天。十度指 10℃。［3］五度左右二十天。五度指 5℃。

5.1.3.2 播期生态型

冬小麦和春小麦，生产上按播期分。
秋末冬初播冬麦[1]，包括冬性和春性。
生长期间经冬季，故有冬麦的名称。
南北多是冬小麦，除非冬寒麦难生。
只有东北和高原，春季播种小麦春[2]。

【注释】

［1］秋末冬初播冬麦。冬麦，指冬小麦。［2］春季播种小麦春。小麦春，指春小麦。

5.1.3.3 日长生态型

小花发育需日长，日长不够穗不良。
敏感类型要求严，大于十二的日长[1]。
时间要求也不短，要在三十日以上。
这些条件能满足，华北东北正适当。

迟钝类型不敏感，八时也可够日长[2]。

这类小麦多春性，主要分布在南方。

中间类型不苛求，十时光照也够长[3]。
这类小麦半冬性，中原地区很适当。

【注释】

[1] 大于十二的日长。指每天大于十二小时的日照长度。
[2] 八时也可够日长。指每日八小时以上也可完成光照阶段。
[3] 十时光照也够长。指每日十小时以上可完成光照阶段。

5.2　小麦栽培生物学基础

5.2.1　生育阶段

种子萌发到种子，小麦完成它一生。
南方四到七个月，北方九个月才行。
这里说的冬小麦，春麦三四月完成。

小麦生长三阶段，营养生殖和并进。
营养生长有重点，长叶分蘖和发根。
并进阶段根叶蘖，分化麦穗和长茎。
生殖阶段把花开，受精结实粒形成。

营养生长奠基础，主要影响麦穗数。
并进生长两相旺，决定粒数和过渡。
生殖生长结实期，增加粒重才是主。

5.2.2　小麦的根

小麦根属须根系，初生根和次生根。
萌发长出初生根，五条左右来构成。
次生根在分蘖节，分蘖之时才发生。

小麦根系三功能，吸收代谢和支撑，
叶茂蘖多麦秆壮，穗大粒饱要根深。

影响根系因素多，质地气肥热水分[1]。
土质黏重水分多，升温较慢难发根。
过多过少氮不利，磷肥钾肥有促进。

【注释】

[1] 质地气肥热水分。质地指土壤质地。

5.2.3 小麦的叶

小麦叶数因品种，还有影响在环境。
春性品种十左右，十四十五是冬性。
播种早晚有增减，一叶两叶会发生。

小麦叶片分三组，近根中层和上层。
近根叶在分蘖节，养分供蘖和供根。
叶片数量变化大，六到十叶都可能[1]。

茎秆下部三片叶，位于中层叶抱茎。
养分供穗和分蘖，也为茎秆节间伸。

最上两片上层叶，养分供穗主功能。
要数旗叶贡献大，光合产物占五成[2]。

【注释】

[1] 六到十叶都可能。冬性品种近根叶多，春性品种近根叶少。[2] 要数旗叶贡献大，光合产物占五成。旗叶是最上那片叶，像旗子一样；旗叶积累的光合产物为苗期到成熟期光合产物的50%左右。

5.2.4　小麦分蘖

基部节间不伸长，同节紧缩在一起。
节上发根生叶蘖，因有叶蘖根原基。
分蘖发生基叶腋，好似植株在分枝。

分蘖需要有养分，就在节上发根系。
蘖早发生根系多，分蘖成穗才有利。
主茎穗和分蘖穗，一般都在三比一。
高产田块蘖穗多，一比一是常比例。

蘖叶出生有关系，叶蘖同伸来命名。
第四叶尖刚刚露，第一叶腋蘖始生。
以后叶蘖相继出，位置依次向上进。

影响分蘖因素多，品种播种和环境。
土壤肥沃播种浅，便于分蘖早发生。
基本苗少光照好，也利植株把蘖分。

5.2.5　小麦的茎

茎节节间成麦茎，基部节间密集生。
五个节间来伸长，可把中上叶支撑。

茎秆高度限产量，经济产品难形成。
植株过高容易倒，过矮植株也不行。
高矮适中透光好，秆壁较厚抗倒性[1]。

【注释】

[1] 秆壁较厚抗倒性。抗倒性指具有抗倒性能。

5.2.6 小麦的穗

5.2.6.1 形态结构

小麦穗是复穗状，穗轴小穗来组成。
穗轴有节二十个，每节上面小穗生。
小穗有轴二护颖，数朵小花来构成。
小花数目变化大，三到九朵常发生。
一般结实二三朵，四朵五朵也可能。

5.2.6.2 穗分化

麦穗分化有八期，逐渐分化有过程。
首先伸长生长锥，穗轴分化显单棱。
小穗分化二棱期，然后分化两护颖。
小花原基接着出，雌蕊雄蕊续产生。
药隔形成很明显，雄蕊球形变柱形。
花粉囊内再发育，四分体期就形成。

5.2.6.3 影响穗分化的因素

麦穗分化有快慢，是快是慢看条件。
分化较慢时间长，有利大穗和高产。
水肥适宜利大穗，温度较低日长短[1]。
小麦孕穗挺娇气，需水临界很敏感。

【注释】

[1] 水肥适宜利大穗，温度较低日长短。指温度较低、日照长度短的条件有利于分化形成大穗。

5.2.7 小麦抽穗开花和受精

穗露一半为抽穗，四天左右可开花。
主茎先开后分蘖，中部先开再上下。
花粉粒落柱头上，一二小时可发芽。

再需大约三十时[1]，精卵细胞才接洽[2]。

【注释】

[1] 再需大约三十时。指三十小时左右（24～36小时）。

[2] 精卵细胞才接洽。指精细胞和卵细胞接触融合受精。

5.2.8　小麦籽粒形成与灌浆成熟

5.2.8.1　籽粒形成期

受精之后约两周，小麦籽粒具外形。
宽度厚度继续长，籽粒长度已形成。
内含干物质量少，其中七成是水分。
这期如同建仓库，影响粒重的潜能。

5.2.8.2　籽粒灌浆期

籽粒灌浆分两期，乳熟面团两相邻。
乳熟时间约半月，体积最大把仓顶。
内含物质增加快，水分降到四五成。
面团时期约三天，内含物质缓慢增。
胚乳呈现面筋状，灌浆停止已接近。

5.2.8.3　籽粒成熟期

籽粒成熟也两期，蜡熟之后完熟临。
蜡熟期间粒变黄，胚乳蜡状籽渐硬。
蜡熟经历六七天，植株渐黄茎弹性。
可溶物质转贮藏，水分不到粒二成。
末期粒重达最大，麦粒颜色品种性。
这时生理已成熟，最适收获应抓紧。

完熟期间株枯黄，籽粒易落呼吸增。
粒重降低穗发芽，很有可能受雨淋[1]。

【注释】

[1] 粒重降低穗发芽，很有可能受雨淋。粒重降低主要在于气温高呼吸增加，穗发芽主要在于受雨淋。

5.2.8.4 影响籽粒灌浆的因素

开花受精到成熟，粒重品质都决定。
适温偏低灌浆长，过高过低都不行。
田间持水七成五[1]，足量养分不贪青。
保证田间光照足，籽粒灌浆才充分。

【注释】

[1] 田间持水七成五：七成五指田间持水量的75%。

5.3 小麦产量与品质

5.3.1 产量三因素

小麦产量三因素，穗数粒数和粒重。
三个因素多矛盾，科学栽培要管控。

穗数来自基本苗，分蘖成穗少放空。
粒数取决花发育，减少退化多成功。
孕穗期间是关键，抽穗开花不放松。
粒重关键在后期，养根保叶增粒重。

三个因素都重要，品种田块来选用。
穗数品种低产田，增穗增产是头功。
穗重品种高产田，降低穗数增穗重。

5.3.2 生物产量与经济系数

生物产量是基础，转移多少看系数[1]。
首先提高生物量，合理密植是基础。

前中后期都协调，均有适宜叶指数[2]。

经济系数有大小，要看分配利用度。
品种之间有差异，具有不同源和库。
群体结构也影响，充足光照有帮助。
经济产量取决于，生物产量乘系数。

【注释】

［1］转移多少看系数。系数指经济系数（经济系数＝经济产量/生物产量）。［2］均有适宜叶指数。叶指数指叶面积指数。

5.3.3　小麦品质

5.3.3.1　形态品质

小麦品质三类型，形态营养和加工。
形态品质是外观，外观不好相不中。
包括形状饱满度，粒色质地大小同[1]。
白色硬粒和软粒，软粒硬粒皮色红[2]。

【注释】

［1］包括形状饱满度，粒色质地大小同。指商品性好的小麦籽粒形状、饱满度、颜色、质地、大小要一致。［2］白色硬粒和软粒，软粒硬粒皮色红。指籽粒分为白色硬粒、白色软粒、红色软粒和红色硬粒4种类型。

5.3.3.2　营养品质

营养品质难定义，主要决定在功用。
食用在于蛋白质，品种环境有不同。
蛋白组分氨基酸，组成合理适比重。

清蛋白和球蛋白，结构蛋白这两种。
含量虽仅占二成，生理活性有大功。

储藏蛋白占八成，麦谷蛋白和醇溶。
这是面筋主成分，质量影响面加工。

5.3.3.3 加工品质

加工品质指标多，不同用途各不同。
磨粉品质首先好，籽粒饱满高容重。
面粉精白灰分少，出粉率高少用工[1]。

面包饼干和蛋糕，烘焙性能很看重。
馒头面条和水饺，蒸煮之后水不浓。

加工产品看面筋，强度差异用不同。
弱筋小麦宜饼干，馒头面条面筋中。
硬质小麦强面筋，生产面粉多专用。

【注释】

[1] 出粉率高少用工。少用工指磨粉花费的时间较短、能量少。

5.3.4 环境对小麦品质的影响

灌浆期间气温高，蛋白含量颇有利。
成熟之时雨水多，面筋强度要降低。
中筋小麦适期播，弱筋小麦偏早宜。

密度增加变环境，有利提高蛋白质。
氮肥用量有影响，储藏蛋白才适宜。
磷钾硫肥能调节，病虫防治要及时。

5.4 小麦栽培技术

5.4.1 麦田整地

播种质量在整地，整地要求深细平。

稻茬麦田重排水，提早翻耕改土性。
若是水稻收获晚，可以做厢用免耕。
旱茬麦田深耕耙，下松上实保墒情。

5.4.2　播种技术

因地制宜选良种，大粒饱满无病虫。
籽粒整齐无杂质，发芽率高才选用。
品种气温定播期，形成壮苗过寒冬。

基本苗数要合理，要看土壤和品种。
播种深浅要适宜，根据土壤有不同。
土湿宜浅土干深，避免缺苗和断垄。

5.4.3　分蘖越冬管理

小麦出苗到越冬，长叶分蘖和发根。
决定小麦有效穗，也把大穗来奠定。
早施苗肥促早发，二叶露尖就可行。
施好蜡肥促蘖壮，施完肥料就立春[1]。
冬季干旱应浇水，时间数量看苗情。
苗期中耕间除草，弱苗宜浅旺苗深。

【注释】

[1] 施好蜡肥促蘖壮，施完肥料就立春。这是南方小麦的施肥方法。

5.4.4　返青拔节孕穗期管理

开春气温上三度[1]，小麦麦苗就返青。
返青拔节到孕穗，营养生殖有矛盾。
巧妙施用返青肥，促空结合利平衡。
拔节肥料合理施，叶色褪淡就跟进。

这期植株需水多，春旱灌溉要抓紧。
防止徒长要及时，镇压培土深中耕。
高产田施多效唑，预防倒伏控苗情。
田间除草要重视，防治纹枯白粉病。

【注释】

［1］开春气温上三度。指3℃以上。

5.4.5 抽穗结实阶段管理

后期阶段长籽粒，防止早衰和贪青。
增加粒数和粒重，穗大不倒保收成。
稻茬小麦重排水，旱茬天干浇水分。
若有缺肥根外施，注意后期补钾磷。
防治黏虫和蚜虫，白粉锈病赤霉病。

第 6 章　玉米栽培

6.1　概述

6.1.1　玉米的分布

玉米喜温较耐旱，北美最多高产量。
拉丁美洲和远东，欧洲分布也平常。
我国玉米种旱地，东北西南一走廊[1]。

【注释】

[1] 东北西南一走廊。指从东北到西南一斜长地带。

6.1.2　玉米的类型

玉米栽培一个种，籽粒细分九种型。
硬粒马齿半马齿，何种类型看粒形。
硬粒玉米产量低，质优抗旱耐瘠性[1]。
马齿玉米产量高，品质较差难欢迎。
生产常用半马齿，产量品质合人心。

人们还把内在看，籽粒性质还可分。
糯质甜质和粉质，还有一种是甜粉。
爆裂玉米籽粒小，有稃玉米颖壳生。

【注释】

[1] 质优抗旱耐瘠性。耐瘠性指耐瘠性强。

6.1.3　玉米生态型

玉米籽粒有马齿，也分南北生态型。

南北来源各不同，具有不同的特征。

北方马齿自欧美[1]，具有广泛适应性。
我国南北均适宜，品质较好有产能。
南方引自低纬度[2]，具有明显短日生。
一般适宜南方种，引到北方不适应。

【注释】

[1] 北方马齿自欧美。指北方马齿型玉米主要从欧洲和美国中北部玉米带引进。现在多做亲本，与硬粒型杂交育成北方半马齿型玉米。[2] 南方引自低纬度。指南方马齿型玉米引自印度、缅甸、泰国、墨西哥等低纬度地区。现在多做亲本，与硬粒型杂交育成南方半马齿型玉米。

6.2 玉米栽培生物学基础

6.2.1 玉米的生育进程

玉米一生三阶段，苗期穗期花粒期。
苗期播种至拔节，培育壮苗促根系。
穗期拔节至开花，田间管理关键时。
营养生殖并进长，促叶增粒秆敦实。
开花成熟花粒期，生殖为主重长粒。
保护叶片不早衰，粒多粒重才有利。

6.2.2 玉米根系

玉米根是须根系，胚根节根来组成。
初生胚根仅一条，来自种子破皮生。
盾片节上五六条，长出成为次胚根。
两种胚根合一起，初生根系是统称。
出苗之后前三周，初生根系供养分。

节根长在基茎上，地上地下又区分。
地上节根名称多，支持支柱气生根。
地下节根六七节，地上一般二三层。
玉米根系很发达，多是节根来形成。
分枝很多根毛密，两千米长可产生[1]。
根系分布多耕层，但比稻麦分布深。
深施基肥和追肥，距离植株勿太近。

【注释】

[1] 两千米长可产生。指一株根系总长可达两千米。

6.2.3　玉米茎

节间数目大变异，从十五到二十四。
植株高度变化大，可从半米到四米。
二米以下称矮秆，高秆大于二米七。
生产多用中矮秆，秆粗穗大穗位低。

玉米茎秆中不空，中间是髓外表皮。
表皮细胞外壁厚，维管束多含角质。
茎的功能主三个，运输储存和支持。

6.2.4　玉米叶

玉米叶子三组成，叶片叶舌和叶鞘。
叶片光合主器官，叶舌防水防菌扰。
叶鞘护秆储养分，加强支撑节间包。

玉米叶数变化大，一十四到二十五。
早熟品种十五六，二十以上是晚熟。
作用器官来划分，一般可以分四组。
地下节上是根叶，茎叶着生在下部。
中部叶片为穗叶，上部几片粒叶组。

茎叶角度下披度，影响群体用光能。
叶茎之间荚角小，直立上冲紧凑型。
紧凑类型能密植，群体高产多可行。
叶茎之间夹角大，叶尖下垂平展型。
平展类型个体大，不利群体透光性。
种植密度宜较小，一般难得高收成。

6.2.5 玉米的花

雌雄同株不同花，花形花位也不同。
雄花生在株顶上，雌花长在植株中。

主轴分枝成雄穗，着生小穗都成对。
每个小穗两朵花，小花具有三雄蕊。
雄穗抽出三五天，颖壳张开粉下坠。
晴朗开花多上午，花期多在十天内。

玉米雌花称雌穗，受精结实为果穗。
果穗基部是苞叶，保护果穗避雨水。

玉米果穗两构成，果穗轴和雌小穗。
穗轴干重占二成，它的中部充满髓。
穗轴上面节密生，节上小穗排成对。
小穗里面两朵花，一花结实一花退。
每穗结子双行数，十六十八是常规。

雌穗开花晚雄穗，一般迟到三五天。
雄穗开花称吐丝，花丝很长花柱短。
授粉之后丝不伸，没有授粉伸不断。
吐丝一周宜授粉，十天之后就太晚。

6.2.6　玉米花的分化发育

雄穗分化有五期，先是生长锥突起。
二是生长锥伸长，三是小穗现原基。
小花分化为第四，第五分化是性器。
小花分化现雄蕊，性器出现四分体。
雄穗体积速长大，外部形态孕穗期。

雌穗分化也五期，各期名称都相同。
雄花雌花不一样，各期分化异内容。

6.2.7　玉米籽粒生长

籽粒生长四时期，第一时期粒形成。
受精之后十五天，玉米籽粒已成仁。
粒积鲜重增加快，具有品种籽粒形。
乳熟经历二十天，籽粒干重直线增。
水分含量逐渐降，之后水重约五成。

乳熟之后进蜡熟，胚乳糊状变蜡硬。
此期经历约十天，含水大约有四成。
最后进入完熟期，一周左右就可行。
干物积累此停止，籽粒脱水变坚硬。
苞叶蓬松又干枯，适宜收获应抓紧。

6.3　玉米栽培技术

6.3.1　土壤要求

玉米栽培产量高，土壤条件很重要。
土层深厚松绵软，养分丰富肥力高。

上虚下实壤质土，保水通气结构好。
酸碱度宜七左右，过酸过碱应改造。
土壤整地深细平，保墒耕作无茬草。

6.3.2 种子准备

6.3.2.1 选用良种

因地制宜选品种，杂交品种多使用。
春播玉米生育长，单株产量要注重。
夏播玉米生育短，成熟时间要早中。
间套玉米苗耐阴，株型紧凑间套种。

6.3.2.2 选用种子与种子处理

选用种子色泽好，纯度净度发芽高[1]。
籽粒饱满无虫害，均匀一致粒粒饱。
种子质量二级上[2]，符合要求易出苗。

提前晒种两三天，吸水力强透水好。
酶活增强促呼吸，有利凝胶转溶胶[3]。
地下害虫若严重，播时种子要拌药。
时下流行包衣剂，增加抗性效果好。

【注释】

[1] 纯度净度发芽高。指纯度高、净度高、发芽率高。[2] 种子质量二级上。符合国家标准二级以上要求。[3] 有利凝胶转溶胶。指吸水较快、较多有利于种子储藏物质由凝胶状态转变溶胶状态。

6.3.3 播种技术

6.3.3.1 播种时间

播种先要定播期，不同地区有差异。
春播土温来确定，十一二度就适宜[1]。

夏播玉米时间紧，抢早播种要争时。
套种玉米看前作，共生一月较有利。

【注释】

［1］十一二度就适宜。十一二度指 11～12℃。

6.3.3.2　种植方式与播种

平作垄作看情况，土薄雨多垄作宜。
宽窄行或等行距，宽窄相间更有利。
半米左右是窄行，宽行大约近一米。

平展亩株三千五，紧凑五千较合适。
点播条播都可用，深度盖土要一致。
盖种土壤肥细碎，以便出苗苗整齐。

6.3.3.3　地膜覆盖

地膜栽培宽窄行，施足基肥先做畦。
畦面土壤平细碎，条条畦垄要整齐。
畦内窄行畦间宽，畦高二十五厘米。
畦上穴播玉米种，盖土后施除草剂。

微膜铺平贴土面，四周压实无缝隙。
玉米幼苗一叶展，破膜放苗要及时。
利用细土盖膜口，避免膜口来透气。
七八叶时可揭膜，施肥培土利根系。

6.3.4　玉米苗期管理

玉米播种到拔节，正值玉米的苗期。
确保苗全苗子壮，促进根系株敦实。
土壤干旱需浇水，雨后松土利透气。

缺苗断垄要补种，间苗定苗要及时。
三叶间苗勿要晚，五叶定苗不可迟。
去杂去弱去病苗，留壮去密不去稀。
定苗之前浅中耕，以后中耕一两次。

6.3.5 玉米穗期管理

玉米拔节到吐丝，生长阶段属穗期。
拔节中耕伴施肥，健株促穗都有利。

喇叭口期重穗肥，中耕培土可增粒。
孕穗水分很敏感，过多过少均不宜。
螟虫黏虫大斑病，小斑纹枯要防治。

6.3.6 玉米花粒期管理

玉米抽雄到成熟，生长进入花粒期。
养根保叶防早衰，确保籽粒干物质。

根据苗情追粒肥，干旱灌溉促实粒。
改善田间风光透，隔行去雄始穗时。
籽粒饱满产量高，提高光合生产率。

6.3.7 收获

玉米完熟才收获，过早过晚都不宜。
早收籽粒未成熟，降低产量和品质。
过晚南方雨水多，果穗发霉很不利。

第7章　马铃薯栽培

7.1　马铃薯栽培生物学基础

7.1.1　马铃薯的根

土豆洋芋马铃薯[1]，食用器官藏于土。
植物形态根茎叶，在此主要来讲述。
土豆根系有两种，直根须根在于母。

种子繁殖直根系，须根来源是种薯。
种薯块茎时常用，芽眼根系最先出。
分枝力强分布广，主体根系有深度。
地下茎上不定根，匍匐生长在表土。
分枝较少长度短，中下土层少分布。

【注释】

[1] 土豆洋芋马铃薯。土豆或洋芋是一些地方的习惯名称，正规学名是马铃薯。

7.1.2　马铃薯的茎

7.1.2.1　地上茎

马铃薯有四种茎，形态功能各不同。
地上茎自芽眼出，伸出地面来形成。
一般直立有倾斜，还有少量成蔓生。
节间形状有不同，三棱四棱或多棱。
茎高半米到一米，具有一定分枝性。

7.1.2.2 地下匍匐茎

地下茎在土里面，长度形状还可分。
一般长度十厘米，前端着生匍匐茎。
匍匐茎在土中长，具有向地背光性。
匍匐茎长几厘米，一般分布表土层。

7.1.2.3 地下块茎

匍匐茎末是块茎，末端膨大来形成。
薯块形状变化大，圆形长形椭圆形。
顶部脐部和皮孔，芽眉芽眼紧相邻。
顶部上面有顶芽，脐部连接匍匐茎。
皮色红黄或色紫，表皮光滑或网纹。
肉色白黄或浅红，品种不同有区分。

7.1.3 马铃薯的叶

幼苗先出几单叶，叶片较小微分裂。
羽状复叶逐渐生，每个复叶生小叶。
复叶顶端叶一片，三到七对在两侧。
小叶一般是奇数，复叶互生螺旋列[1]。

【注释】

[1] 复叶互生螺旋列。螺旋列指螺旋状排列。

7.1.4 生育过程

7.1.4.1 生育天数

生产栽培马铃薯，营养繁殖用块茎。
生长时间变化大，要看品种何类型。
早熟品种两月半，中熟三月过一生。
晚熟品种多十五，一百五天才完成。

7.1.4.2　生育时期

一生经历五时期，每个时期不同日。
块茎萌发把苗出，需日十五到四十。
幼芽弯曲出土面，展开幼叶三到四。
出苗生长到孕蕾，这是一生第二期。
侧芽代替主轴长，向上生长暂延迟。
这期结束靠自养，需时大约二十日。

块茎形成茎叶长，从孕蕾到初花始。
这期决定薯多少，长茎长叶长分枝。
需要二十三十天，早熟短来晚熟迟。
地下地上并进长，持续直到转折期。
茎叶良好不过旺，充足养分块茎宜。

盛花时到叶衰老，一生进入第四期。
块茎增长速度快，叶面积达最大值。
时间大约二十天，块茎大小决定时。

茎叶衰老到枯黄，一生进入第五期。
淀粉不断运块茎，增加重量和品质。
需时二十三十天，淀粉积累主要时。
这期结束茎叶枯，抓紧收获不要迟。

7.1.5　块茎休眠

新收块茎要休眠，暂时不能来发芽。
休眠两月到五月，温度影响时间差。
低温长来高温短，休眠过后才芽发。
生产若需急播种，赤霉素可打破它。
千克块茎一毫克，浸泡一刻就最佳。

7.1.6 生长发育与环境

喜凉作物马铃薯，害怕高温害怕冷。
块茎最高二十五[1]，温度过高就畸形。
生长低温四五度[2]，低于零度冻害生。

光照影响马铃薯，中强光照较适应。
日长十二十三时[3]，利于块茎早形成。
如果超过十五时[4]，营养旺盛无块茎。

土壤不干又不湿，雨水最好较均匀。
前后需水相对少，田间持水六七成[5]。
中期需水相对多，七成半水就可行[6]。

土壤要求不严格，结构疏松深土层。
冷凉地方沙壤土，壤土适宜在暖温[7]。
偏酸土壤最适宜，低氯离子少盐分。

高产喜肥马铃薯，肥料反应很灵敏。
需磷较少需钾多，需氮数量钾半行[8]。
千斤块茎五斤氮，十斤钾素二斤磷。
重底早追增施钾，基肥用量占八成。
有机肥主化肥辅，包厢施用利块茎。

【注释】

[1] 块茎最高二十五。指块茎生长的最高温度是25℃。[2] 生长低温四五度。指开始生长的最低温度是4～5℃。[3] 日长十二十三时。指12～13小时。[4] 如果超过十五时。十五时指日长15小时。[5] 田间持水六七成。指占土壤田间持水量的60%～70%。[6] 七成半水就可行。指占土壤田间持水量的75%。[7] 壤土适宜在暖温。指在温暖地方宜壤土栽植。[8]

需氮数量钾半行。指需氮的数量是钾需要量的一半就行。

7.2 马铃薯栽培技术

7.2.1 整地

整地要求松碎细，土壤富含有机质。
南方北方有不同，播前起垄或做畦。
南方一般多起垄，垄距半米到一米。
稻茬田种马铃薯，高厢窄垄较适宜。
北方如果雨水多，做成高畦来整地。
三十厘米畦沟深，二米三米畦宽适。

7.2.2 选用良种

间套栽培要求矮，株型紧凑早熟种。
秋播要求熟期短，耐寒力强病不重。
南方晚疫青枯多，抗病品种多选用。
南北一年一熟区，选用品种宜晚中。
产品用途要考虑，适合食用或加工。

7.2.3 马铃薯种薯准备

种薯纯度要一致，幼嫩光滑艳表皮。
没有冻伤无病虫，个头偏小较经济。
播前催芽除休眠，催芽多用沙层积。

一层湿沙一层薯，半米厚度就适宜。
若是早春可盖膜，适宜芽长二厘米。
如果种薯块头大，切块播种较有利。
薯块应拌草木灰，减少植株感病率。

7.2.4 播种期

春播气温六七度[1]，过早播种发芽低。
时间一般二三月，山区东北四月宜。
廿五度下可秋种[2]，过晚播种成熟迟。
南方秋播九十月，植株生长才合适。

【注释】

［1］春播气温六七度。六七度指6～7℃。［2］廿五度下可秋种。廿五度指25℃。

7.2.5 合理密植

品种环境定密度，一季二季有差异[1]。
一季密小二季大[2]，早熟种密晚熟稀。
南方北方一季区，亩株四千较适宜。
一年栽培有二季，亩株五千较有利。

【注释】

［1］一季二季有差异。一季二季指一年种收一次的地区和种收二次的地区。［2］一季密小二季大。指种收一次地区马铃薯的密度小，有利个体充分发育；种收二次地区的马铃薯密度较大，因生长时间较短，增加群体的产量。

7.2.6 田间管理

7.2.6.1 苗前管理

苗前管理很重要，首先保证要出苗。
春播之时气温低，少有自然降雨浇。
出苗之前松覆土，减薄覆土地温高。
干旱浇水要及时，播前播后应除草。

7.2.6.2 苗期管理

苗期苗齐和苗壮，根深叶茂是目标。

查苗补苗不断垄，齐苗之时应补苗。
苗齐之后就中耕，一般要求三寸深。
半月之后第二次，现蕾初花三次行。
二次三次逐渐浅，同时培土厚土层。
避免薯块茎外露，有利膨大成块茎。

7.2.6.3　施肥

追肥一般要早施，芽肥早在齐芽时。
现蕾之时施苗肥，叶色褪淡更应施。
芽肥苗肥清粪水，少量化肥配有利。
块茎形成若缺肥，氮钾配合较适宜。
施肥之后即培土，减少水肥被散失。

7.2.6.4　防治病虫

病毒晚疫和早疫，黑痣青枯应防治。
脱毒种薯防病毒，晚疫早疫用药剂。
轮作倒茬药拌种，垄沟喷药防黑痣。
抗病品种防青枯，轮作小薯作种宜。
蛴螬蝼蛄地老虎，金针蚜虫药剂施。

7.2.7　收获储藏

7.2.7.1　收获

植株茎叶黄枯时，块茎膨大就停止。
周皮变厚干重大，易与植株相分离。
提前两天割茎叶，晾晒表土减湿气。
减少损伤防暴晒，保证薯块好品质。

7.2.7.2　储藏

收获薯块高水分，呼吸作用很旺盛。
预储摊晾约十天，通风避光防虫病。

预储期间薯分级，剔除伤病和畸形。
薯皮干燥又坚实，进窖储藏才可行。
食用种薯三四度，加工十度来储存[1]。

冬季窖藏能防冷，窖储空间六七成。
窖温降到零度下，薯块覆盖或烟熏。
夏季储藏多用架，架床一般有多层。
每层藏架放薯块，三层四层薯放匀。
中后时期应覆盖，避免薯干失水分。

【注释】

[1] 食用种薯三四度，加工十度来储存。指食用马铃薯和种用马铃薯储存温度在3～4℃；加工用马铃薯的储存温度在10℃。

7.2.8 马铃薯地膜栽培

地膜覆盖产量高，适宜平地肥力好。
施足基肥翻碎地，脱毒良种最需要。
二十天前先催芽，播前十天膜盖牢。

平作多用宽窄行，窄行覆膜宽不要。
垄作地膜盖垄上，垄上两行都覆到。
微膜贴地边压实，避免大风来吹跑。

覆盖地膜约十天，这时播种比较好。
相比露地早十天，适期播种不过早。
每条膜上播两行，交错打孔排列巧。
孔深大约三四寸，种芽向上利光照。
回填细土口封严，避免热气被跑掉。

播后田间勤检查，出苗之后助放苗。
生育中期应破膜，中耕培土和除草。

田间管理防病虫，根据苗情肥水浇。

7.2.9　稻草覆盖免耕栽培

稻茬田种马铃薯，南方近年较流行。
省工肥地节成本，稻薯轮作有前景。

7.2.9.1　整地

稻田土壤肥中上，排灌方便宜沙壤。
水稻收后早开沟，一米四五来做厢。
四周沟深厢沟浅，田畦排水很顺畅。
农家肥加复合肥，拌匀撒施厢面上。

7.2.9.2　播种与覆草

带芽小薯来播种，五十厘米宽一行。
亩株四千到五千，保证密度有产量。
种薯摆放在厢面，稻草覆盖薯不亮。
一般草厚十厘米，稻草薄了易透光。

7.2.9.3　田间管理

盖草之后水浇草，出苗慢的要理苗。
大风过后要检查，防止稻草风吹跑。
薯块见光变绿色，品质降低产量少。

保持土壤较湿润，阴雨排渍很重要。
重视防治晚疫病，这种田里病率高。
茎叶枯黄就成熟，收薯只需扒开草。

第8章　甘薯栽培

8.1　甘薯栽培生物学基础

8.1.1　繁殖特性

甘薯授粉为异花，自交后代生育低。
种子繁殖低产量，营养繁殖较适宜。
块根茎蔓常作种，有利高产保品质。
块根具有不定芽，茎节发根有芽枝。
常用块根先育苗，剪苗插地较有利。

8.1.2　大田生长期

薯苗栽插大田后，一生经历三时期。
发根分枝节薯块，这个时期是第一。
入土茎节先发根，一周缓苗新芽滋。

根系形成二十天，陆续长出新分枝。
出现分枝到封垄，一月时间就合适。
块根逐渐被分化，薯块多少已可计。

封垄之后茎叶盛，块根膨大慢开始。
此期大约五十天，新叶老叶相交替。
薯蔓并进同时长，地上较快地下迟。

块根盛长茎叶衰，直到收获才停止。
茎叶重量逐渐少，生长中心向下移。
薯块膨大积累快，两月时间要经历。

8.1.3　甘薯的根

薯苗长出不定根，然后发育三类型。
细根形成须根系，细长又名纤维根。
上有分枝和根毛，吸收水分和养分。
主要分布耕作层，少数分布一米深。

薯根先伸后加粗，具有趋势向大膨。
土壤坚实水分多，膨大不利只有停。
产生柴根手指粗，木质化后形成梗。

分化早的不定根，条件有利就可膨。
形成块根储产物，有利人们收产品。
大薯中薯和小薯，纺锤圆筒或球形。
薯块大小和形状，需看条件和种性。
皮色红黄和白紫，皆因品种来决定。
肉质白色和黄色，橘红杏黄紫色橙。
肉色情况看品种，颜色深者受欢迎。

8.1.4　甘薯的茎

茎蔓长短品种性，多数品种匍匐生。
短蔓品种一米下，二米以上长蔓型。
绿色紫色绿带紫，茎节可生不定根。
分枝多少看品种，短蔓品种多形成。

8.1.5　甘薯的叶

薯叶形状不同生，掌状心脏三角形。
全缘带齿或缺刻，复单缺刻浅或深。
绿色浅绿和紫色，顶叶颜色品种分。

8.1.6 茎叶生长与产量

茎叶块根有影响，协调生长高产量。
茎叶若是未长好，块根生长也不良。
中后期间茎叶旺，块根物质少储藏。
薯块若要产量高，中期茎叶宜健壮。

8.1.7 甘薯生长与环境

薯块萌芽需气温，十六度上才能行[1]。
卅度发芽最适宜[2]，四十以上萌发停[3]。
十八度上宜茎叶[4]，土温二十长块根[5]。

甘薯一般较耐旱，各期需要异水分。
前期苗小耗水少，田间持水六七成[6]。
中期茎叶生长快，七八成水可适应[7]。
六成水分宜后期[8]，以便通气利块根。

甘薯属于短日照，一生需要光照强。
光照充足茎叶壮，也利块根高产量。
套作栽培要注意，中期后期勿遮光。

甘薯需肥有特点，钾多磷少中是氮。
氮素需要前中期，磷钾后期很明显。

【注释】

［1］十六度上才能行。十六度上指16℃以上。［2］卅度发芽最适宜。卅度指30℃。［3］四十以上萌发停。指40℃以上停止萌芽。［4］十八度上宜茎叶。指18℃以上适宜茎叶生长。［5］土温二十长块根。指土壤温度在20℃块根才膨大。［6］田间持水六七成。指田间持水量60％～70％。［7］七八成水可适应。七八成水指田间持水量70％～80％。［8］六成

水分宜后期。适宜甘薯后期生长的土壤田间持水量为 60%。

8.2 甘薯栽培技术

8.2.1 育苗技术

甘薯育苗要壮苗，壮苗叶厚叶色深。
顶叶平齐节间短，薯苗不老又不嫩。

薯块育苗方法多，露地盖膜和升温。
露地苗床先深翻，一点二米做畦平。
苗床可以盖地膜，保持温度保水分。

升温育苗发芽快，苗床下面有加温。
人工加温用煤电，苗床温度宜均匀。

温床多用酿热物，碎秸混合马牛粪。
比例大致一比二，拌匀之后填入坑。
堆积厚度约半米，浇足水分达七成[1]。
覆盖薄膜防透气，夜覆草帘更保温。
温度达到三十度[2]，酿热物上铺沙层。
薯块排放沙土上，盖好薄膜就可行。

薯块大小宜适中，没有损伤无虫病。
种薯消毒浸药液，硫菌灵或多菌灵。
气温稳定十度上[3]，盖膜育苗可进行。
南方育苗在惊蛰，中原地区在春分。

苗床土壤要肥沃，排种之前先打窝。
窝深窝大窝底平，浸泡窝子粪水多。
窝土收汗可播种，头部向上斜排坐。

细土填满薯间隙，再用粪水均匀泼。
覆盖细土五厘米，均匀一致不显窝。

温床育苗出苗前，床温宜在三十三[4]。
齐苗之后二十六[5]，直到薯苗被裁剪。
注意换气和浇水，夜间最好盖草帘。
采苗之前两三天，降低床温把苗炼。

【注释】

［1］浇足水分达七成。指酿热物总含水量的70%。［2］温度达到三十度。三十度指30℃。［3］气温稳定十度上。十度上指10℃以上。［4］床温宜在三十三。三十三指33℃。［5］齐苗之后二十六。二十六指26℃。

8.2.2 做垄

甘薯要求土层深，垄作栽培较适应。
窄垄高垄较有利，有利群体用光能。
八十厘米小垄宽，一般适用在丘陵。
一米以上是大垄，南方漕地多流行。

8.2.3 甘薯栽插

春薯土温十七度[1]，适宜栽插应抓紧。
夏薯尽量要栽早，保证一生够积温。

剪苗离土三厘米，保证剪口要齐平。
苗茎粗壮节间短，叶片肥厚适老嫩。
节上没有气生根，浆汁浓多无虫病。

苗段具有四五节，埋土三节易生根。
多用斜插水平插，栽后润土压实茎。
为了生根早还苗，保持一周土湿润。

【注释】

[1] 春薯土温十七度。十七度指17℃。

8.2.4 田间管理

薯苗返青封垄前，中耕除草两三次。
中耕修沟兼培垄，有利排水和透气。
防治蜗牛地老虎，清粪水应天旱施。

中期注意理垄沟，不让垄土被水渍。
因苗施用促薯肥，苗壮结薯才有利。
一般不要翻藤蔓，翻蔓会使产量低。
如果茎叶有徒长，可以摘心把蔓提。
防旺可施多效唑，茎蔓变粗增分枝。

后期防旱防脱肥，延长茎叶功能期。
如遇后期雨水多，排水防涝要及时。
过湿影响薯膨大，烂薯硬心降品质。

8.2.5 收获与储藏

气温降到十五时[1]，薯块膨大就停止。
十二度前收获完[2]，轻刨轻装不伤皮。

收获薯块多含水，窖温高时强呼吸。
开始几天不闭窖，以便能够换空气。
窖内装薯七八成[3]，便于呼吸有余地。

窖内温度应调控，十二三度最适宜[4]。
薯窖不要盖太严，一方应该留缝隙。
晴天中午可敞窖，减少窖内湿水汽。
低温夜间窖盖草，保证窖温很合适。

【注释】

［1］气温降到十五时。十五指15℃。［2］十二度前收获完。十二度指12℃。［3］窖内装薯七八成。指装薯空间不应超过窖空间的70％～80％。［4］十二三度最适宜。十二三度指12～13℃。

第 9 章　大豆栽培

9.1　概述

大豆籽粒营养好，蛋白脂肪含量高。
蛋白富含氨基酸，八种人体都需要。
豆油不含胆固醇，保健防病都有效。
北方大豆多油用，豆饼就是好饲料。

9.2　大豆栽培生物学基础

9.2.1　大豆的根

大豆根是直根系，四个部分来组成。
主侧细根和根毛，不同部位来着生。
胚根生成初生根，不断发育成主根。
根系纵向深一米，八成分布耕作层。
主根侧根有根瘤，根瘤粉红似球形。

9.2.2　大豆的茎

主茎有节十五个，下部节上分枝成。
幼茎绿色或紫色，茎秆抗倒较坚韧。
紫茎一般开紫花，开白花的是绿茎。
分枝多少来分类，主茎型和分枝型，
主茎类型可密种，分枝类型宜稀生。

9.2.3 大豆的叶

大豆叶有四种型，不同部位来着生。
子叶两片最先出，平展见光绿色成。
出苗之后半月内，它为幼苗供养分。
一对真叶随后出，叶片呈现长卵形。
三出复叶真叶后，这是主要叶类型。
枝基两侧先出叶，成对细小无叶柄。

9.2.4 大豆的花

总状花序大豆花，着生叶腋和茎顶。
一个花序称花簇，花朵聚生在花梗。
五个花瓣成花冠，花冠外看是蝶形。
花朵不大有志气，不需虫风来授粉。

9.2.5 大豆的荚和种子

荚色草黄或褐色，端直中间弯镰形[1]。
表皮一般茸毛被，内部几粒种子生。
卵圆叶形二三粒，四粒以上叶披针[2]。

种子球形和椭圆，卵圆长卵扁圆形。
黄色青色和褐色，黑色双色可区分[3]。
种脐有色或无色，无色色淡受欢迎。
栽培籽粒黄色多，圆粒金黄高油分。

【注释】

[1] 端直中间弯镰形。指豆荚有端直型、弯镰形和中间型3种荚型。[2] 卵圆叶形二三粒，四粒以上叶披针。指卵圆叶形的品种果内着生二三粒种子，披针叶形品种果内着生4粒以上的种子。[3] 黄色青色和褐色，黑色双色可区分。指种皮颜色呈黄色、青色、褐色、黑色或具有两种颜色。

9.2.6　大豆的生长发育

9.2.6.1　萌发出苗

土壤十度可萌发[1]，胚根向土下面伸。
逐渐伸长下胚轴，子叶拱土来出生。
幼芽包在子叶内，出土之后子叶平。

【注释】

［1］土壤十度可萌发。十度指10℃。

9.2.6.2　幼苗生长

子叶展开幼芽长，直到主茎出分枝。
主茎腋芽有差异，不同节位不同器。
下部叶腋长分枝，中上部位是花序。
幼苗经历三四周，注意蹲苗长根系。

9.2.6.3　花芽分化期

花芽分化始分枝，直到植株开花时。
复叶出现四五片，分化进入初始期。
营养生殖并进长，株壮花多才有利。

9.2.6.4　开花结荚期

大豆现蕾五六天，一般就会把花开。
初始开花到终花，开花结荚同时来。
植株生长最旺盛，施肥浇水莫懈怠。

9.2.6.5　鼓粒成熟

受精之后籽粒长，直到体积最大时。
前期较慢中后快，三四十天要经历。
决定荚重和品质，预防干旱和涝渍。

9.2.7 种子品质

大豆品质内外分，品质决定商品性。
蛋白质好宜食用，脂肪较高榨油行。
鼓粒中期蛋白质，后期脂肪来形成[1]。
它们之间负相关，含量高低看环境。
干旱高温宜蛋白，适温适水适油分。
粒大粒圆金黄色，种脐无色受欢迎。

【注释】

[1] 鼓粒中期蛋白质，后期脂肪来形成。指鼓粒中期形成蛋白质，后期形成脂肪。

9.2.8 大豆的生态适应性

9.2.8.1 大豆与光照

大豆属于短日性，日长反应很灵敏。
短日条件开花早，长日照下花难成。
北方大豆向南引，夏秋播种能适应。
南方品种北方种，难以成熟不可行。
大豆虽然能耐阴，光照充足高产能。
间套栽培宽行距，尽量减少被遮阴。

9.2.8.2 大豆与温度

大豆喜欢中高温，过低过高不适应。
播种土温十度上[1]，二十五度结实成[2]。
秋播较晚常不利，十四度时生长停[3]。
北方雨少温差大，光照充足高油分。
南方温高雨水多，蛋白较高豆腐行。

【注释】

[1] 播种土温十度上。十度上指大于10℃。[2] 二十五度结实成。指25℃左右有利开花结实。[3] 十四度时生长停。

十四度指 14℃。

9.2.8.3　大豆与水分

六百毫米年水量，大豆生长最适应。
发芽出苗不少水，苗期少水根扎深。
开花结荚需水多，要求土壤保湿润。

9.2.8.4　大豆与土壤

土壤要求不严格，各种质地都适应。
高产最好是壤土，有机质多厚土层。
土壤反应宜中性，过酸过碱均不行。
过酸土壤常缺钼，不利大豆根瘤菌。
过碱缺铁又缺锰，光合作用降效能。

9.3　大豆栽培技术

9.3.1　轮作间套与整地

大豆不宜重迎茬，否则减产一二成。
轮作换茬三年上，养分平衡少虫病。

北方大豆重整地，前茬收后及时耕。
伏翻秋翻防跑墒，耕后耙地整细平。
垄作栽培拾净茬，垄高一致垄端正。

南方大豆间套多，大豆多是副产品。
主作玉米和甘蔗，棉花甘薯均可行。
间套适宜多行种，减少主作来遮阴。
水稻产区田埂多，大豆可以种田埂。

9.3.2 选用良种

因地制宜选良种，适宜品种高收成。
土壤肥沃雨水多，选用有限结荚性。
茎秆粗壮耐肥水，株高中等高产能。

肥力较差干旱土，选用无限结荚性。
植株高大繁茂好，根系发达分布深。

间套品种重搭配，注意抗倒又耐阴。
作为前作株紧凑，作为后作匍匐生[1]。

【注释】

[1] 作为前作株紧凑，作为后作匍匐生。指如果大豆作为套种的前季作物应选用紧凑型品种，可以减少对后季作物的遮光；如果作为套种的后季作物应选用匍匐型品种，可以增加受光面积。

9.3.3 种子准备

播前种子要清选，没有杂粒病虫斑。
没有秕粒破碎粒，颗颗粒大又饱满。
种子拌种根瘤菌，有利大豆来固氮。
微量元素促固氮，种子可拌钼酸铵。
地下害虫要防治，多福合剂把种拌。
先拌微肥后拌药，拌药之前要阴干。

9.3.4 播种

一熟地区常春播，谷雨之后立夏前。
芒种前后宜夏播，六月中旬应播完。

品种墒情要考虑，晚熟早播早熟晚。

土墒好时可晚播，墒茬抢播不可免。
干旱之时浇底水，造墒播种不要懒。

垄作采取宽窄行，垄上窄行垄间宽。
十一厘米窄行距，七十厘米是垄间。

春播亩株一万五，夏播大约有两万。
套作大豆稀密度，亩株适宜七八千。

四五厘米播种深，不要过深与过浅。
播种深了难出苗，播种浅了容易干。

9.3.5　田间管理

夏播大豆遇大雨，表土产生板结层。
晴天抓紧除板结，方便子叶快出伸。
查苗补种要及时，间苗应在单叶平。
去弱留强留壮苗，三叶之前把苗定。

中耕除草二三次，齐苗之后首中耕。
一周之后第二次，中耕深度约三寸。
第三次在封垄前，理沟培土壅基茎。

大豆肥料应深施，基肥最好分两层。
施用有机复合肥，种肥钼硼和钾磷。
开花初期追施氮，鼓粒初期微肥喷。

苗期一般不灌水，抗旱锻炼利扎根。
分枝期间可小灌，营养生殖能保证。
花荚鼓粒防天干，灌溉保持土湿润。
灌溉不能田渍水，雨季开沟适当深。

大豆病虫要防治，霜霉病和病毒病。
豆天蛾和造桥虫，蚜虫卷心卷叶螟[1]。

收获时间要适宜，完熟初期才相应。
茎荚黄色或褐色，叶子枯落有九成。
籽粒呈现固有色，摇动植株有响声。
荚干中午易爆裂，早晚收获宜抓紧。

【注释】

［1］蚜虫卷心卷叶螟。卷心指卷心虫。

第 10 章　其他粮食作物栽培

10.1　谷子栽培

谷子属于禾本科，古代一般称粱粟。
耐旱耐瘠抗逆强，华北一般多分布。

10.1.1　谷子生育阶段

谷子生育三阶段，营养生殖和并进。
种子萌发到拔节，生长器官根叶茎。
拔节抽穗并进期，根茎叶长穗也伸。
抽穗期到粒成熟，粒重此时来决定。

10.1.2　发芽

谷子发芽适宜温，一十五到二十五[1]。
田间持水约五成[2]，吸水约占三成谷[3]。

【注释】

[1] 一十五到二十五。指 15～25℃。[2] 田间持水约五成。指占土壤田间持水量的 50%。[3] 吸水约占三成谷。指吸收水分占谷子重量的 30%。

10.1.3　根系

谷子根为须根系，初生根与次生根。
胚根一条萌发出，侧根几条侧面生。
它们都是初生根，一般分布耕作层。
四叶植株分蘖时，次生根系始形成。

入土深度超一米，分布半米在水平。

10.1.4 分蘖

四五叶时始分蘖，地下茎节先发生。
分蘖可达十多个，要看品种和环境。

10.1.5 叶

谷子叶形长批针，具有叶片和叶枕。
还有叶舌和叶鞘，没有叶耳来组成。
有叶十五二十五[1]，也看品种和环境。

【注释】

[1] 有叶十五二十五。指叶片数从十五叶到二十五叶。

10.1.6 茎

茎高可达一米五，茎秆直立圆柱形。
基部节密生分蘖，地上节间可以伸。
孕穗期间伸长快，开花之后就长停。

10.1.7 穗

顶生穗状圆锥花，轴生一到三级枝。
三级枝上着小穗，穗内小花有两支。
一花完全一花退，全花可能会结实。

穗有小穗近万个，结籽多也上千粒。
穗型圆筒和棍棒，鸭嘴纺锤都有之。
谷穗成熟金黄色，卵圆黄色小籽实。
稃壳白红黑黄紫，去皮之后称小米。

10.1.8 对环境条件的要求

谷子苗期耐土干，中期需水是关键。

并进生长需水多，一定预防胎里旱。
后期决定穗粒重，遭遇干旱易减产。

谷子喜温但不高，不同时期皆不同。
适温上限二十五[1]，下限二十不要少[2]。
谷子光性短日照，日照缩短抽穗早。
碳四作物有谷子，光合作用效率高。

氮素磷钾三要素，需要氮量相对高。
中期需氮量较大，前期需氮量很少。
土壤要求不严格，壤土深厚比较好。
适宜微酸中性土，怕渍怕涝喜干燥。

【注释】

［1］适温上限二十五。二十五指 25℃。［2］下限二十不要少。二十指 20℃。

10.1.9　轮作

谷子不宜地连作，连作杂草病虫多。
轮作倒茬比较好，土壤元素可用活。
前作要求不严格，豆类最佳不用说。
甘薯麦类马铃薯，玉米也是好前作。

10.1.10　土壤耕作

春谷种在异茬地，前作收后应深耕。
早春季节要耙耱，防止蒸发跑水分。
夏谷前茬成熟前，浇水蓄墒要抓紧。
前茬成熟应抢收，收后及时把地整。

10.1.11　施肥

有机肥料宜作基，耕地之时一次施。

拔节灌水追氮肥，满足需要中后期。

10.1.12 播种

播前清水把种洗，去除病菌和秕粒。
防治白发黑穗病，根据病症拌药剂。
春谷播种适当迟，谷子孕穗能逢雨。
谷雨之后立夏前，春谷播种正适宜。

生产一般多条播，三十厘米的行距。
播种深度五厘米，播后镇压要及时。
出苗之前若降雨，破除板结出苗利。
春谷亩株二万五，夏谷四万不算密。

10.1.13 田间管理

谷子粒小播量大，出苗之后很密集。
三到五叶应间苗，七叶定苗要及时。
定苗之后即中耕，拔节中耕第二次。
二次中耕间培土，防倒防旱都有利。
拔节期间遇干旱，最好能把肥水施。
生育后期防倒伏，还要防涝防水渍。

10.1.14 收获

谷子不要收过早，籽粒未熟成秕粒。
过晚遇风落籽粒，阴雨也会降品质。
粒色呈现品种色，籽粒变硬收及时。

10.2 高粱栽培

高粱古代称蜀黍，耐旱耐涝不择土。
抗逆性强耐盐碱，东北西南多分布。

10.2.1 生育时期

一生三到五个月，三个阶段来划分。
前期营养后生殖，中期生长是并进。
出苗直到穗分化，营养生长长叶根。
幼穗分化到开花，营养生殖相并行。

开花之后到成熟，营养生长逐渐停。
前期决定穗多少，中期主把粒数定，
后期决定千粒重，各期影响都分明。

10.2.2 高粱的根

高粱属于须根系，初生次生气生根。
初生根数只一条，发芽之时种子生。
出苗之后三四叶，次生根自地下茎。

次生根有七八层，分布可达两米深。
抽穗之时基部节，逐渐长出根气生。
高粱根系很发达，内部皮层很坚韧。
能耐土壤收缩压，抗旱性强此原因。

10.2.3 高粱的茎

高粱株高变化大，不同用途有区分。
粒用一般两米高，帚用三米高秆型。
地上有节十五六，地下几节密集生。

后期茎秆有蜡粉，减少水分来蒸腾。
如果遇涝被水淹，可以减少水内渗。
表皮细胞被硅化，致密不透挺坚硬。

10.2.4　高粱的叶

高粱茎上叶互生，叶的组成三部分。
叶片叶舌和叶鞘，叶片形状为披针。
中脉颜色品种异，白黄褐蜡易辨认。

白色主脉多常见，褐色青贮饲料型。
高粱叶数十多片，上部六叶离穗近。
籽粒产量贡献大，最上三叶最得行。

10.2.5　高粱的穗与花

圆锥花序高粱穗，散穗型和密集型。
主轴有节八九个，每节几个一级梗。
一级梗上生二级，二级上面三级生。

三级梗上生小穗，一对几对来组成。
成对小穗有差异，一个有柄一无柄。
无柄小穗内两花，只有一个结实行。
有柄小穗个头小，两朵小花均不孕。

10.2.6　高粱的温光特性

高粱高温有耐性，既喜光来又喜温。
一生需要温较高，二十三十较适应[1]。
碳四作物有高粱，光合作用高效能。
一生需要光照足，充足光照宜一生。
短日条件发育早，高粱具有短日性。

【注释】

[1] 二十三十较适应。二十三十指 20～30℃。

10.2.7　轮作与整地

高粱轮作产量高，重茬迎茬均不要。
连作黑穗炭疽多，土壤养分不协调。
高粱虽然不择土，高产土壤地要好。
播前深耕要一致，耙地镇压要周到。

10.2.8　播种

高粱采用良种好，籽粒饱满纯度高。
土温达到十二度[1]，开始播种比较好。
粒用亩株六七千，饲用多来帚用少。
五十厘米等行距，株距二十才是妙[2]。
三四厘米播种深，播时宜把底水浇。

【注释】

[1] 土温达到十二度。指土壤 5 厘米处温度达到 12℃。[2] 株距二十才是妙。二十指 20 厘米。

10.2.9　田间管理

间苗始于二三叶，五六叶时应定苗。
苗期中耕二三次，前期中耕伴除草。
拔节中耕施肥水，然后培土可防倒。

高粱耐瘠又耐肥，高产需要把肥施。
施足基肥和种肥，中期追肥一两次。
一次追肥拔节时，二次追肥正挑旗。

高粱耐旱在苗期，水分敏感孕穗时。
此时天干应灌溉，若不浇水大减粒。
防治蚜虫和螟虫，黑穗炭疽应防治。

适期收获挺重要，蜡熟末期较适宜。
籽粒呈现品种色，变硬无浆亮籽粒。

10.3 荞麦栽培

10.3.1 概述

蓼科荞麦又三名，乌麦花麦三角麦。
我国北方和西南，东亚欧美多种栽。

10.3.1.1 特性与类型

荞麦耐瘠又抗旱，适应性强生育短。
常播新垦瘠薄地，茬口之间来填闲。
栽培主要两个种，普通荞麦和鞑靼。
普通荞麦多北方，鞑靼主要在西南。

10.3.1.2 营养价值

普通荞麦称甜荞，凉粉面条口感好。
鞑靼荞麦称苦荞，发酵制茶价值高。
荞麦富含维生素，钙磷铁素营养骄。
赖氨酸和精氨酸，含量远把谷类超。

10.3.2 形态特征

10.3.2.1 根

荞麦根属直根系，五十厘米入土深。
根系不是很发达，吸收力强尤其磷。

10.3.2.2 茎

一米左右直立茎，中髓表面很光平。
向阳之面呈红色，绿色表面在背阴。
主茎平均十三节，分枝两级来着生。

节处膨大略弯曲，稍有棱角多圆形。

10.3.2.3　叶

子叶真叶和苞片，不同时段来出生。
子叶一对出土现，以后出叶叶是真。
真叶属于完全叶，叶片托叶和叶柄。
真叶互生茎两侧，叶片戟形或心形。

光滑无毛属叶片，红色紫色是叶柄。
托叶一般呈鞘状，叶柄基部包节茎。
苞片属于退化叶，花朵基部来形成。

10.3.2.4　花

总状花序荞麦花，若干花朵来集成。
甜荞花为两型花，柱头雄蕊两种型。
花朵较大瓣长椭，白色红色又色粉。

异花授粉多常见，能够结实仅一成。
苦荞相比花朵小，雌雄等长花同型。
花色淡绿或淡黄，不需虫风自授粉。

10.3.2.5　果实与种子

果实瘦果呈三棱，果壳较厚很坚硬。
种子具有三部分，种皮胚乳胚组成。
甜荞三角偏卵状，表皮光滑尖锐棱。
没有腹沟在表面，表皮革质较坚韧。
苦荞种子锥状卵，三棱三沟相间生。
表皮粗糙棱圆钝，可与甜荞来区分。

10.3.3 生物学特性

10.3.3.1 生育时期

荞麦生长时间短，中熟七十八十天。
二十七八度播种[1]，半月就可分枝见。
分枝开始就孕蕾，二十五天把蕾现。
现蕾十天可开花，以后快长不会慢。

【注释】

［1］二十七八度播种。二十七八度指27～28℃。

10.3.3.2 适温性

荞麦喜温怕高温，适温偏低不耐寒。
苗期十六度以上[1]，开花适温二十三[2]。
高于三十难授粉[3]，低于十五产量减[4]。

【注释】

［1］苗期十六度以上。十六度指16℃。［2］开花适温二十三。二十三指23℃。［3］高于三十难授粉。三十指30℃。［4］低于十五产量减。十五指15℃。

10.3.4 轮作整地

荞麦栽培要轮作，连作荞麦要减产。
幼苗子叶要出土，土壤粗糙出土难。
旱地土壤要深耕，精细整地保苗全。
整地之时施基肥，基肥施在播种前。

10.3.5 播种

荞麦种子寿命短，种用当年莫隔年。
种子成熟不一致，壳内绿色应当选。
籽粒成熟又饱满，播前晒种一两天。
可用硼酸来浸种，草木灰或钼酸铵[1]。

春荞宜在霜后播，秋荞收获在霜前[2]。
三四厘米播种深，三十厘米行距宽。
二十厘米之穴距，保证亩株在一万。

【注释】

[1] 草木灰或钼酸铵。指也可用草木灰或钼酸铵来浸种。
[2] 秋荞收获在霜前。指播种秋荞的时间要保证在霜来之前收获。

10.3.6 施肥

氮肥多施或施晚，常常会把成熟延。
植株增高易倒伏，一般会把产量减。
磷肥促进粒发育，可以增加籽饱满。
促进蜜腺多分泌，有利传粉和增产。

钾肥忌用氯化钾，氯离子常致叶斑。
可以多施草木灰，一定要把氯避免。
有机肥料作种肥，磷肥钾肥还需添。
追肥一般要早施，根据苗情来用氮。

10.3.7 田间管理与收获

播种之后若降雨，土干之后除土板。
第一真叶出现后，开始中耕不迟缓。
荞麦开花可放蜂，既得蜂蜜又增产。

防治立枯轮纹病，还有白霉与褐斑。
波尔多液苗期施，清除茬草洁田园。
专食害虫钩刺蛾，灯光药剂治可兼。

荞麦开花时间长，籽粒成熟有早晚。
七成籽实成熟色，应该收获不拖延。

10.4 绿豆栽培

10.4.1 概述

绿豆分布遍五洲，亚洲栽培面积大。
我国各地都在种，东北春种南方夏。

绿豆营养很丰富，富含矿物多维生[1]。
既清热来又解毒，绿豆具有药功能。

绿豆耐瘠又耐旱，抗逆性强又耐阴。
适播期长生育短，具有广泛适应性。

【注释】

［1］富含矿物多维生。指矿物质和维生素含量丰富。

10.4.2 绿豆类型

绿豆生长三类型，直立蔓生半蔓生。
籽粒大小有三种，大中小粒来区分。

10.4.3 绿豆形态特征

10.4.3.1 根

绿豆属于直根系，四个部分来组成。
主根侧根和根毛，根瘤组成绿豆根。
有的主根分布浅，较发达的是侧根。
也有主根较发达，抗旱性强入土深。

10.4.3.2 茎

绿豆株高约一米，茎秆绿色或色紫。
茎枝上面细茸毛，防虫抗病都有利。
绿豆茎上长有节，一到五节生分枝。

10.4.3.3　叶

绿豆出苗子叶展，续生单叶形披针。
单叶两片成对出，只有叶片无叶柄。
以后出现是复叶，三出复叶来互生。
小叶绿色边全缘，卵圆形或心脏形。

10.4.3.4　花

总状花序绿豆花，叶柄与枝腋间生。
顶部花朵约二十，密集丛生于花梗。
花朵黄色或带绿，花冠样子是蝶形。
开花之前自授粉，结实花朵仅三成。

10.4.3.5　果实与种子

绿豆荚果较细长，圆筒弯弓镰刀形。
成熟荚果多黑色，果皮表面短毛生。
每荚结子十多粒，绿色黄色或蓝青。
根据种皮蜡有无，分为明绿毛绿型。

10.4.4　对环境条件的要求

10.4.4.1　温度

绿豆一生喜温度，适宜温度二十五[1]。
大于十度才生长[2]，有效积温上千度。

【注释】

[1] 适宜温度二十五。二十五指 25℃。[2] 大于十度才生长。十度指 10℃。

10.4.4.2　光照

绿豆光性日照短，多数品种不敏感。
一生虽然能耐阴，光照充足可高产。

10.4.4.3 水分

绿豆怕涝能耐旱，花期水足能高产。
土壤过湿易徒长，后期多雨产量减。

10.4.4.4 土壤

绿豆土地适应广，可植河滩土坡垛。
有利根瘤来增加，中性偏碱好土壤。

10.4.5 绿豆栽培技术

10.4.5.1 选用良种与轮作套种

绿豆播种用良种，春播夏播各不同。
各省条件差异大，因地制宜来选用。
绿豆栽培忌连作，谷类轮种才是中。
除去少量单作外，谷类甘薯间套种。

10.4.5.2 播种

单作土壤要深耕，结合基肥来进行。
北方春播立夏后，南方春种在春分。
夏播绿豆麦茬收，整地播种要抓紧。

春播亩株七千五，夏播加倍就可行。
条播穴播都可用，三四厘米播种深。

间套绿豆是副种，整地施肥不单行。
种在垄沟或行间，亩株单作三四成[1]。
间套时间要合理，花荚时期少遮阴。

【注释】

［1］亩株单作三四成。指亩株数为单作亩株数的30%～40%。

10.4.5.3　田间管理

第二复叶展开时，定苗中耕不要迟。
中耕结合施苗肥，根据土壤苗肥施。
花荚重施复合肥，这是追肥第二次。

防治叶斑枯萎病，还有病毒和白粉。
注意蛴螬地老虎，蚜虫蜘蛛豆荚螟。

10.4.5.4　收获

绿豆成熟不一致，分次收获才适宜。
荚果颜色呈深黑，抓紧收获不要迟。
避免田间果荚裂，收获宜在早晚时。
荚果收后及时晒，晒干之后好脱粒。

10.5　大麦栽培

10.5.1　概述

大麦综合价值高，食用保健和饲料。
工业开发价值大，生产啤酒不能少。

10.5.1.1　我国大麦分区

我国大麦三大区，各区大麦各相宜。
青藏高原裸大麦，适宜大麦无颖皮。
一熟地区春大麦，大麦播种在春季。
两熟地区冬大麦，秋末冬初播种时。

10.5.1.2　大麦种与类型

大麦属于禾本科，栽培大麦普通型。
一般常见三亚种，二棱中间和多棱。
二棱粒少籽粒大，穗形一般呈扁平。

多棱粒多籽粒小，具有六棱或四棱。
多棱皮麦作饲料，二棱酿造啤酒行。

10.5.2 大麦温光性

大麦感温感光性，同比小麦很相近。
地域分布同小麦，具有相似温光性。

10.5.3 种子形态

大麦具有两型子，带稃或者是裸粒。
裸粒适合高寒区，其他一般带稃皮。

10.5.3.1 根

大麦萌发先出根，一条胚根最先伸。
胚根出后时不久，胚轴长出几侧根。
种子根系六七条，垂直分布入土深。
茎秆基部分蘖节，每节可发次生根。
次生根系分布浅，一般都在耕作层。
大麦根比小麦少，次生根少是原因。

10.5.3.2 茎

大麦株高有差异，多数品种约一米。
基部节间长小麦[1]，茎秆表皮少硅质。
厚壁细胞厚度薄，相比较弱抗倒力[2]。

【注释】

[1] 基部节间长小麦。指大麦基部节间比小麦长。[2] 相比较弱抗倒力。指比小麦抗倒力弱。

10.5.3.3 叶

大麦有叶十余片，分为近根与茎生。
茎上一般五六叶，其余叶片在近根。

若与其他麦类比，叶宽色淡易区分。
叶舌叶耳均很大，叶耳没有茸毛生。
最上一叶称旗叶，只因外观似旗形。

10.5.3.4　分蘖

分蘖节上可分蘖，第四叶时分蘖生。
分蘖多少看品种，栽培措施和环境。
分蘖成穗强小麦，二棱分蘖胜多棱。

10.5.3.5　穗

穗状花序大麦穗，穗轴小穗来组成。
穗轴节片二十多，三联小穗节互生。
小穗三个一结实，穗部外观是二棱。
三个小穗均结子，四棱六棱是外形。
小穗三个部分实，外观穗部中间型。

每个小穗一朵花，两片护颖线状针。
外颖顶端多生芒，也有少数无芒生。
有芒品种产量高，光合作用有效能。

10.5.4　开花授粉

顶部小穗出旗叶，栽培称为抽穗时。
抽穗之后即开花，株花一周开完毕。

低温阴雨和寡照，开花授粉很不利。
高温也不宜受精，常常增加空壳率。
早晨下午开花多，这时条件较适宜。

10.5.5 籽粒形成与灌浆成熟

受精之后约两周，籽粒外形就产生。
这时种子含水多，水占重量约七成。
此后灌浆到乳熟，籽粒增长最旺盛。
体积最大乳熟末，这时五成含水分。

历时大约十五天，蜡熟时期就来临。
蜡熟经历约一周，叶片就把光合停。
蜡熟末期重最大，只因茎叶储物运。
完熟粒重不增加，这时麦粒已变硬。

10.5.6 对环境条件的要求

10.5.6.1 温度

春麦播种四度始[1]，冬麦十五播种适[2]。
抽穗成熟约二十[3]，二十五上就不利[4]。

【注释】

[1] 春麦播种四度始。春麦即春大麦，四度指4℃。[2] 冬麦十五播种适。冬麦指冬大麦，十五指15℃。[3] 抽穗成熟约二十。指抽穗成熟适宜温度在20℃左右。[4] 二十五上就不利。指在25℃以上就不利于籽粒发育。

10.5.6.2 水分

生长中期需水多，孕穗抽穗较敏感。
乳熟期间若干旱，籽粒淀粉会减产。
酿造啤酒质量低，只因蛋白质高含。
后期如果雨水多，籽粒色泽将变暗。
容易感染杂霉菌，也把籽粒品质减。

10.5.6.3　土壤

土壤肥沃土质壤，中碱土壤不偏酸[1]。
盐害阈值比较高，抵抗力强耐盐碱。

【注释】

[1] 土壤肥沃土质壤，中碱土壤不偏酸。土质壤指土质为壤土，中碱指中性偏碱。

10.5.7　大麦栽培技术

10.5.7.1　选用品种

生育期短耗肥少，可与他作来间套。
相比小麦早半月，能让后作来播早。
因地制宜选良种，高产品种要抗倒。
啤酒大麦选二棱，饲用多棱产量高。

10.5.7.2　整地与施肥

大麦整地似小麦，一定注意防湿涝。
啤酒大麦少施氮，多施磷钾品质好。
大麦需肥少小麦，重在基肥早施苗。
基肥一般七成多，追肥三成就不少。

10.5.7.3　播期与密度

适时播种气温瞧，冬麦冬前成壮苗。
十六七度播冬性[1]，春性十三不要早[2]。
合理确定基本苗，穗数穗重要协调。
南方亩苗十六万，北方冬麦二十好[3]。

【注释】

[1] 十六七度播冬性。十六七指 16～17℃。[2] 春性十三不要早。十三指 13℃，一般要求在 12～14℃。[3] 北方冬麦二十好。指亩基本苗数在二十万。

10.5.7.4 选种播种

种子清选要提早，秕粒病粒均不要。
条播穴播或撒播，窄行条播比较好。
十五厘米行距宽，机械播种效率高。
二三厘米播种深，四五厘米不要超。

10.5.7.5 田间管理与收获

三叶追肥第一次，以后追肥看需要。
防治黑穗花叶病，白粉蚜虫不放掉。
完熟初期应收获，及时晾晒和干燥。

10.6 燕麦栽培

10.6.1 概述

10.6.1.1 分布与营养

燕麦分布多欧美，我国北方和西南。
籽粒富含钙磷铁，核黄素和赖氨酸。
营养丰富易消化，麦片做饭利保健。

10.6.1.2 类型

栽培燕麦两类型，裸粒燕麦和皮燕。
裸粒燕麦称莜麦，籽粒食用很普遍。
有皮燕麦喂畜禽，茎叶饲用也常见。

10.6.2 形态特征

10.6.2.1 根

燕麦属于须根系，具有三四条种根。
次生根自分蘖节，多在耕层余较深。

10.6.2.2　茎与叶

一米左右植株高，具有圆形中空茎。
地上节间四五个，秆壁柔软难支撑。
幼苗直立半直立，还有匍匐三种型。
抗旱抗寒多匍匐，耐肥抗倒直立性。
叶舌边缘有锯齿，叶鞘上无茸毛生。

10.6.2.3　穗

圆锥花序燕麦穗，周散侧散两种型。
每穗有节六七个，节上枝梗半轮生。
下部节上枝梗多，上部节上少枝梗。

10.6.2.4　小穗与花

枝梗顶端着小穗，一个几个数不等。
皮麦小穗两三花，裸麦小花加倍生。
小花两稃三雄蕊，一枚雌蕊两片鳞。
稃壳一般多无芒，开花之时自授粉。

10.6.2.5　种子

内稃外稃不贴子，发育种子裸粒型。
裸粒周身茸毛被，粒色黄白纺锤形。
有皮大麦内外稃，总把籽粒来裹紧。

10.6.3　生物学特性

燕麦喜凉不耐寒，冬季寒冷宜播春。
高温之前须成熟，生长期间怕高温。
需水多于大小麦，适宜环境较湿润。
土壤要求不严格，各种土壤有收成。

10.6.4 栽培技术

10.6.4.1 选地整地

华北西北裸燕麦，土壤肥低易缺磷。
前茬作物用豆科，容易获得好收成。
土壤耕作重保墒，前茬收后早深耕。

10.6.4.2 选种播种

因地制宜选良种，筛选种子饱满型。
谷雨前后宜春播，需水雨季要相吻。
南方秋播十月下，立冬之前应完成。
二十厘米行距宽，三四厘米播种深。
品种肥水变种量[1]，亩用种子十公斤。

【注释】

［1］品种肥水变种量。指根据品种、肥水条件的不同用种量应有变化。

10.6.4.3 施肥与田间管理

重施基肥分期追，基肥一般占八成。
氮肥施用不要迟，分蘖施氮配钾磷。
防治黑穗和锈病，拌种使用多菌灵。
注意防治地老虎，还有黏虫和金针[1]。
燕麦成熟不一致，成熟较晚下枝梗[2]。
下部籽粒蜡熟末，这时收获应抓紧。

【注释】

［1］还有黏虫和金针。金针指金针虫。［2］成熟较晚下枝梗。指下枝梗上的小穗成熟时间比中上部枝上枝梗小穗成熟时间晚。

10.7　蚕豆栽培

10.7.1　蚕豆形态特征

10.7.1.1　根

蚕豆一般称胡豆，春播秋播两类型。
蚕豆根是直根系，主根粗壮入土深。
根枝一般生根瘤，颜色粉红椭圆形。

10.7.1.2　茎与叶

蚕豆株高约一米，茎秆方形中空心。
基部节上能分枝，二到六个都可能。
蚕豆子叶不出土，二片单叶相对生。
羽状复叶成偶数，小叶全缘椭圆形。

10.7.1.3　花

总状花序蚕豆花，一般都是叶腋生。
花冠白色或白紫，外部形状似蝶形。
一个花序几朵花，一朵两朵结实成。

10.7.1.4　果实与种子

蚕豆豆荚很肥厚，外观看来似筒形。
成熟之时黑褐色，内含几粒种扁平。
种子籽粒大又重，褐色灰白和绿青。

10.7.2　对环境的要求

蚕豆属于长日性，栽培注意南北引。
具有一定抗寒力，喜欢凉爽怕高温。
蚕豆需水相对多，怕旱怕渍喜湿润。

蚕豆需肥量较大，少施氮肥多钾磷。
硼肥钼肥要施用，提高根瘤固氮能。
土层深厚黏壤土，土壤偏碱至中性。

10.7.3 栽培技术

10.7.3.1 选地整地

蚕豆适宜轮间套，谷类薯类都适应。
土壤整地要精细，土层深厚土细平。

10.7.3.2 晒种播种

播前晒种两三天，有利吸水苗出生。
秋播一般在十月，春播可以在春分。
播种不要播太浅，七八厘米不为深。

10.7.3.3 密度与配置方式

一万三四亩株数，宽行窄株高产能。
四十厘米行距宽，穴距二十就可行[1]。
一穴一株或二株，根据密度来确定。

【注释】

[1] 穴距二十就可行。二十指二十厘米。

10.7.3.4 施肥

重施基肥分次追，基肥常用农家肥。
看苗施氮增磷钾，磷钾应在始花追。

10.7.3.5 防治病虫

防治赤斑和褐斑，还有锈病立枯病。
一般选用抗病种，喷施粉锈多菌灵[1]。
施用乐果治蚜虫，敌百虫治蚕豆蟠。

【注释】

[1] 喷施粉锈多菌灵。指喷施粉锈灵或多菌灵。

10.7.3.6　收获

青豆收在籽粒鼓，干豆收在叶凋时。
中部豆荚成黑色，荚壳干燥收适宜。

10.8　豌豆栽培

10.8.1　生产意义

豌豆富含维生素，营养丰富有烟酸。
籽粒磨粉可多用，芡粉凉粉最常见。
茎叶蔬菜很鲜嫩，人们喜欢豌豆尖。
青豌豆里富营养，优质蔬菜都喜欢。

10.8.2　豌豆的类型

栽培豌豆两个种，白花豌豆紫花豌。
直立匍匐半直立，依据茎秆是否弯。
荚果也有两类型，硬荚型和荚型软。

10.8.3　形态特征

10.8.3.1　根

豌豆根是直根系，主根发达侧根细。
根瘤外形花瓣状，条件好时着生密。

10.8.3.2　茎

茎秆中空较柔软，断面方形或圆形。
表面光滑呈绿色，基部三节把枝生。
分枝可以二三级，发生晚的实不成。

10.8.3.3　叶

豌豆子叶不出土，生产栽培可播深。

羽状复叶成偶数，一到三对来组成。
小叶全缘或锯齿，卵圆形或椭圆形。
托叶肥大心脏形，复叶基部来出生。
顶端小叶多退化，形成卷须把杈分。

10.8.3.4 花

总状花序豌豆花，复叶基部发生它。
一到三朵一花轴，花冠蝶形比较大。
白色紫色或红色，授粉之后才开花。

10.8.3.5 果实与种子

荚果椭圆或扁圆，几粒种子在里边。
种子多为圆球形，颜色有深也有浅。
白色绿色和黑色，或有皱缩光滑面。

10.8.4 对环境的要求

豌豆光性长日照，早熟品种不敏感。
一生需要光照足，花荚遮阴易减产。

豌豆一般喜凉爽，冬性品种耐寒强。
不耐干旱不耐涝，苗期控水利苗壮。
豌豆具有耐瘠性，钙质壤土为优良。

10.8.5 栽培技术

10.8.5.1 选种选地

栽培首先选良种，根据用途来选用。
豌豆栽培忌连作，适宜土壤较疏松。
前茬要求不严格，田园清洁无茬壅。

10.8.5.2　播种

条播穴播均可行，行距参照品种定。
三十厘米直立型，匍匐六十五公分。
穴距可在二十五[1]，四五厘米播种深。
每穴播种二三粒，亩用种量九公斤。

【注释】

[1] 穴距可在二十五。二十五指二十五厘米。

10.8.5.3　施肥

基肥多用农家肥，钾肥磷肥结合施。
苗期少量速效氮，诱发根瘤来繁殖。
花荚期间喷磷钾，铁硼钼肥也有利。

10.8.5.4　防治病虫

防治褐斑和白粉，还有锈病根腐病。
害虫蚜虫豌豆象，勿忘防治潜叶蝇。

10.8.5.5　收获

豆荚成熟不整齐，过晚收获易爆粒。
多数荚果成黄色，抓紧收获正当时。
晴天中午易破果，早上阴天收适宜。

10.9　小豆栽培

10.9.1　生产意义

小豆富含多维素，硫胺核黄和烟酸[1]。
同时富含钙磷铁，食用药用能保健。

【注释】

[1] 小豆富含多维素，硫胺核黄和烟酸。小豆又名赤豆、红豆、红小豆。硫胺核黄指硫胺素和核黄素。

10.9.2 形态特征

10.9.2.1 根与茎

小豆属于直根系，一般分布耕作层。
根上通常长根瘤，复叶出时来形成。

茎秆绿色少紫红，形状呈现圆筒形。
直立蔓生半蔓生，基部三节把枝分。

10.9.2.2 叶

两片单叶成对生，叶片较短多圆形。
三出复叶三小叶，茎枝复叶呈互生。
小叶边缘有浅裂，卵圆形或剑头形。
叶表光滑背疏毛，复叶具有长叶柄。

10.9.2.3 花

总状花序小豆花，着生叶腋或茎顶。
梗有小花五六朵，均在花梗顶端生。
花梗不长花柄短，花冠黄色花蝶形。
授粉之后才开花，自花授粉豆科性。

10.9.2.4 果实

小豆荚形长筒圆，端部稍尖略曲弯。
幼荚绿色或红紫，成熟以后颜色变。
黑色白色黄褐色，荚内几粒种子含。

10.9.2.5 种子

种子形状圆柱长，短圆柱形或球状。
种脐白色长且大，种皮颜色多单样。
红白黑黄绿褐色，双色三色是少量。

种子重量大中小，种子寿命比较长。

10.9.3　对环境的要求

10.9.3.1　光照

小豆光性日照短，中晚品种较敏感。
南北引种应注意，引种不宜会减产。

10.9.3.2　温度

一生喜温很怕霜，较多分布在北方。
播种不早也不迟，前期后期要避霜[1]。

【注释】

［1］前期后期要避霜。指不要播种过早使苗期受霜害，不要播种过晚使成熟期受到霜害。

10.9.3.3　水分

小豆具有喜湿性，开花结荚需水多。
需水临界这时期，干旱花荚易脱落。
成熟期间宜干燥，品质较好亮荚壳。

10.9.3.4　土壤

土壤要求不严格，保水保肥较适合。
排水良好不干旱，壤土中性适长棵。

10.9.4　栽培技术

10.9.4.1　选种选地

因地制宜良种选，选用良种能增产。
单作间种和套种，适宜轮作不宜连。

10.9.4.2　整地施肥

上层疏松下层实，播前土壤要耕翻。

结合耕地施基肥，基肥重磷少施氮。

10.9.4.3 种子处理

精选种子在播前，晒种之后药剂拌。
浸种采用钼酸铵，硼砂浸种也增产。

10.9.4.4 播种

北方春播谷雨后，南方夏播处暑前。
条播穴播两皆可，一定注意行距宽。
五十厘米宜春播，三十厘米夏播选。
夏播亩株一万五，春播亩株在一万。

10.9.4.5 田间管理

一片复叶应间苗，二到三叶把苗定。
定苗之后要除草，松土保墒应中耕。
中耕一般两三次，促进苗长瘤形成。
防治病毒和叶斑，还有锈病枯萎病。
控防豆象豆叶蛾，蚜虫田鼠豆荚螟。

10.10 山药栽培

10.10.1 概述

10.10.1.1 种类

薯蓣一般称山药，生产栽培有两种。
普通山药茎蔓圆，我国多地在使用。
田薯茎蔓多棱状，分布福建和广东。

10.10.1.2 价值与功用

山药块茎富淀粉，内含多糖有活性。
人体必需氨基酸，八种皆有适合人。

营养丰富价值高，药用成分能治病。
茎叶还是好饲料，周身可用具全能。

10.10.2　形态特征

10.10.2.1　根

须根生于基部茎，块茎上面也着生。
直茎大约两毫米，三十厘米土层深。

10.10.2.2　茎

地上茎为草纸藤，右旋缠绕来上升。
茎蔓长度三米多，下部腋芽侧枝生。
主茎基部维管束，变异生长成块茎。

10.10.2.3　栽子

地上茎和块茎间，一段细茎来连紧。
这个细茎为栽子，可以作种生新茎。

10.10.2.4　零余子

有些品种地上部，叶腋之间生鳞茎。
零余子或山药豆，这些都是它的名。
可以食用多繁殖，能把栽子来更新。

10.10.2.5　叶与花

叶片呈现箭头形，下部互生上对生。
雌雄不在一株上，雄花直立雌下伸。

10.10.2.6　块茎

块茎形状三类型，扁块圆筒长柱形。
扁块形状如脚板，一般长在浅土层。
圆筒块茎短圆柱，也有成团不规整。

扁块圆筒不耐寒，一般多在南方生。
长柱块茎长圆柱，耐寒力强入土深。
这种类型品质好，北方栽培主类型。

10.10.3　山药生物学特性

山药喜光短日性，短日有利成块茎。
喜欢光照强度大，适宜搭架勿遮阴。
一生适宜温较高，十五度上才始生[1]。
苗期需要二十度[2]，二十五上才长盛[3]。

山药耐旱不耐涝，土湿妨碍根下伸。
不利块根来膨大，早期落叶发锈病。
喜欢疏松深厚土，松厚有利块茎膨。
土壤稍黏品质好，沙壤高产最适应。

【注释】

[1] 十五度上才始生。十五度上指 15℃以上。[2] 苗期需要二十度。二十度指 20℃。[3] 二十五上才长盛。指盛长期需要 25～28℃。

10.10.4　繁殖方法

10.10.4.1　块茎繁殖

块茎栽子零余子，三种繁殖皆无性。
播前一月切块茎，种块切得要均匀。
切块不大也不小，上面必需一芽生。
长柱类型可切段，块状芽口在上顶。
块状应该纵向切，每块有顶芽才成。
切口涂上草木灰，药剂处理也可行。
芽口向上来晒种，直到顶部芽外伸。

10.10.4.2　栽子繁殖

栽子作种富产能，可比切块高一成。
一个块茎一栽子，数量有限难大行。

10.10.4.3　零余子繁殖

繁殖利用零余子，准备工作早确定。
九到十月就采收，埋土过冬不伤身。
翌年春季稀育苗，苗床之中过一生。
秋季采收小块茎，埋土过冬复再行。
两三年后栽大田，大薯才会有收成。

10.10.5　大田栽培技术

10.10.5.1　基肥与整地

大田轮作施基肥，基肥施后就翻耕。
翻耕之后深开沟，开沟有利长块茎。
沟宽二十五厘米，一米五上的沟深。
九十厘米沟间距，回土不要乱土层。

南方不用深沟种，畦面浅沟就可行。
七十厘米行距宽，株距按照密度定。

10.10.5.2　密度与播种

小型较密大型稀，依据种类来确定。
大型亩株二千五，亩株四千是小型。

深沟填土正上方，一十厘米播沟深。
芽口向上同朝向，顺垄平放切块茎。
按照株距均匀放，然后覆土土拍平。

南方畦面浅沟种，基肥沟内要均匀。

种后撒施草木灰，四五厘米覆土深。

10.10.5.3 肥水管理

齐苗浇施稀粪水，盛长之前施二次。
现蕾之时重追肥，粪肥配合饼肥施。
九月上旬再追肥，以后施肥就停止。
块茎膨大若干旱，灌溉浇水要及时。
四周开好排水沟，夏秋注意防涝渍。

10.10.5.4 病虫防治

防治炭疽和叶斑，病毒根腐立枯病。
清除田间病残体，药剂防治要对应。

10.10.5.5 收获

九月可收零余子，块茎收在叶枯时。
冬季寒冷霜降收[1]，冬季不冻可留地。
块茎储藏温较低，二到四度较合适。

【注释】

[1] 冬季寒冷霜降收。指冬季寒冷地区应在霜降时收获。

10.11 魔芋栽培

10.11.1 概述

10.11.1.1 种类

魔芋栽培两个种，花魔芋和白魔芋。
我国主产在南方，各省山地丘陵地。

10.11.1.2 功用价值

魔芋用途在块茎，食用药用好产品。
葡甘聚糖块茎含，保健养颜又养生。

健脾开胃降血脂，消肿化痰微碱性。

10.11.1.3　生食有毒

魔芋全身都有毒，毒素较多在块茎。
食用加工要煮熟，食用熟品不食生。
中毒喉痒舌肿大，醋加姜汁含服吞。

10.11.2　形态特征

10.11.2.1　根

魔芋根是不定根，一般分布浅土层。
块茎肩部较集中，四周分布向水平。

10.11.2.2　茎

魔芋之茎三类型，直立块状根状茎。
直立茎秆在地上，上部五六节缩生。
下部分节不明显，主把养分来储存。

块茎着生在地下，膨大之后圆球形。
随着块茎来长大，上面芽眼也加深。
块茎储藏养分多，魔芋栽培主产品。

根状茎的形似棒，两年以上才出生。
节上有芽节明显，翌年作种最称心。

10.11.2.3　叶

茎的上部着生叶，一年只有一叶生。
叶片通常三缺裂，裂片羽状再裂分。
小裂片呈长椭圆，叶子具有长叶柄。

10.11.2.4 花与果

魔芋一般不开花，温度适宜也发生。
开花之后才出叶，消耗养分自块茎。
佛焰花序无苞被，雌雄同株是单性。
魔芋果实为浆果，颜色橘红椭圆形。

10.11.3 生物特性

10.11.3.1 温光特性

魔芋一生喜温暖，可以忍耐短高温。
年均温度十七八[1]，地上生长较旺盛。
二十二度到三十[2]，块茎膨大最适应。
十五度下地上倒[3]，植株生长就叫停。

魔芋喜欢半阴性，夏季光强要遮阴。
可以种在果树下，高秆作物下面生。

【注释】

［1］年均温度十七八。十七八指 17～18℃。［2］二十二度到三十。指 22～30℃。［3］十五度下地上倒。指 15℃以下地上部倒伏。

10.11.3.2 水肥土壤

魔芋喜欢湿环境，前期中期土湿润。
后期可以适当干，栽培注意控水分。
魔芋吸收钾素多，氮肥次之最少磷。
土壤疏松沙壤土，排水通气厚土层。
有机物质含量多，土壤适宜偏中性。

10.11.4 栽培技术

10.11.4.1 整地

魔芋地块不全整，只需播前带状耕。

四十厘米宜单行，七十厘米双行生。
耕作深度不要浅，二十三十厘米深。

10.11.4.2　选种

魔芋繁殖多块茎，种芋选择有标准。
口平窝小礁窝状，个头好似芋头形。

10.11.4.3　种植方法

魔芋分为冬春种，种植方法有不同。
冬种可在采收时，一边收获一边种。
也可收后立即种，种芋地里来越冬。

10.11.4.4　播种时间

春种月份在四五，气温升到十五度。
提前半月来催芽，对于出苗有帮助。

10.11.4.5　播种

六十厘米等行距，株距一般在半米。
块茎埋在土表下，四五厘米就适宜。
覆土之后应盖草，盖草在于保土湿。

10.11.4.6　水肥管理

厢垄栽培或高畦，一定防治水涝渍。
底肥五成播种施，有机肥料要整细。
追肥宜早增施钾，五成肥料分两次。
两成追肥首次用，三成放在二次施。

10.11.4.7　病虫防治

魔芋易发软腐病，一般药剂难防治。
播前种茎应消毒，阴凉环境病不利。

发现病株即拔除，带离田间烧处理。
发病地方撒石灰，消毒减少病菌滋。

10.11.4.8 收获与储藏

霜降前后可收获，收时土干天放晴。
收后摊晾两三天，后放室内就可行。
地面铺草或细土，一层草土一层茎。
顶芽朝上来堆放，一般可以放三层。

第 11 章　棉花栽培

11.1　概述

棉花属于锦葵科，具有四个栽培种。
源于非洲非洲棉，量低质差很少用。
起源印度亚洲棉，栽培悠久历史功。

源于美洲陆地棉，百十年来普遍用。
陆地棉花质较佳，更因高产人们宠。
起源南美海岛棉，产量较低或平庸。
只因它的品质好，少量新疆较集中。

11.2　棉花栽培生物学基础

11.2.1　棉花的生育进程

种子萌发到结束，棉花一生两百天。
可以分成五时期，不同时期异特点。

播种出苗第一期[1]，出苗之后子叶展。
夏播可在一周内，春播经历十多天。

出苗现蕾为苗期[2]，营养为主长根系。
春播需要一月半，夏播一月要经历。

现蕾开花为蕾期[3]，一月左右就适宜。

花芽分化长棉蕾，发根长叶茎和枝。

开花吐絮花铃期[4]，需要经历两月时。
营养生殖两相旺，保蕾保铃关键期。

吐絮收花吐絮期[5]，两三个月要经历。
营养生长逐渐停，铃重增加关键时。

【注释】

[1] 播种出苗第一期。指播种到出苗期。[2] 出苗现蕾为苗期。出苗现蕾指从出苗到现蕾。[3] 现蕾开花为蕾期。现蕾开花指从现蕾到开花。[4] 开花吐絮花铃期。开花吐絮指从开花到吐絮。[5] 吐絮收花吐絮期。吐絮收花指从吐絮到收棉花。

11.2.2 棉花的器官形成

11.2.2.1 根

棉花根是直根系，主侧支根和细根。
根系形如圆锥倒，主根入土两米深。
水平扩展约半米，根系多在深耕层。
苗期发展蕾期盛，花后吸收具高能。
吐絮之后就衰退，根不衰退株贪青。

11.2.2.2 茎

茎呈圆柱或有棱，上面可把枝叶生。
茎表光滑或茸毛，茎上油点含棉酚。
幼时绿色老时红，根据茎色苗情诊。
过早变红缺肥水，过晚变红是贪青。
茎秆生长苗期慢，现蕾之后加速伸。
初花之时伸最快，盛花变缓吐絮停。

11.2.2.3　分枝

茎生叶枝和果枝，棉花分枝两类型。
叶枝早发茎下部，单轴生长似主茎。
肥水充足长得快，影响果枝来形成。
果枝属于合轴枝，节间弯拐曲折形。

叶枝果枝分化谁，碳氮营养来决定。
植株体内碳优势，分化果枝很可能。
茎叶体内氮素多，叶枝分化就相应。
叶枝生长耗养分，果枝才能早结铃。
栽培应将叶枝去，节约营养免遮阴。

11.2.2.4　叶

子叶真叶先出叶，棉花叶有三类型。
棉花子叶最先出，一般二片成对生。
叶的组成不完全，外部形状呈肾形。
幼苗壮弱影响大，三真叶前供养分。
生长时间很有限，五六十天之寿命。

真叶就是完全叶，主茎分枝均着生。
叶片一般多掌状，三五裂片来形成。
叶背茸多叶面少，叶肉褐点含棉酚。
每个果节都有叶，物质分配先就近。

先出叶是变态叶，枝条基部来着生。
分枝未出它先出，叶片畸形无叶柄。
先出叶小易脱落，常被忽视或误认。

11.2.2.5　蕾

棉的花器是花蕾，分化先外后到内。

苞叶萼片先分化，然后分化雌雄蕊。
三角形蕾三毫米，出现之时为现蕾。

棉花真叶六七片，茎叶腋内发果枝。
果枝节上生花蕾，同节叶位侧边立。
品种气温和肥水，决定现蕾的早迟。
现蕾顺序下朝上，从内向外螺旋移。

11.2.2.6 花

棉是两性花完全，朵朵独立朵朵单。
花丝基部联合紧，形成柱状雄蕊管。
下与花冠基连接，花柱着生管上端。

花柱柱头分有棱，棉铃室数棱数判。
苞叶内外花萼内，一般着生有蜜腺。
蜜腺可以招蜂蝶，帮助棉花把粉传。
异花授粉一成多，皆因蜂蝶来贡献。

开花时间多上午，花粉活力十时强。
花粉寿命仅一天，花柱活力天半长[1]。
花粉粒的渗压高，吸水之后即膨胀。
膨胀容易致破裂，萌发受精无希望。
开花逢雨喷液体，幼铃脱落大增量。

【注释】

[1] 花柱活力天半长。指花柱的生活力在一天半的时间。

11.2.2.7 棉铃

受精子房发育大，成为蒴果称棉铃。
棉铃内部四五室，外观一般略圆形。
每室种子约十粒，种子上面纤维生。

单铃籽棉重不同，品种铃重有区分。
栽培技术有影响，也看生长的环境。

棉铃发育经三期，各期生长有差异。
体积增大第一期，受精之后长体积。
铃的体积直线升，二三十天要经历。
这期内含八成水，可溶性糖蛋白质。
青铃幼嫩多汁液，易受害虫来侵袭。

棉铃充实第二期，一月时间要经历。
纤维不断来伸长，种子纤维速充实。
同化产物转运铃，转向纤维和种子。
棉铃内部合成快，迅速增加干物质。
铃壳变硬黄绿色，期末增重就停滞。

开裂成熟第三期，五天时间需经历。
铃壳失水就收缩，沿着背逢渐开裂。
此时棉籽已全熟，纤维干燥并扭曲。

11.2.2.8　三桃

棉铃出生有早迟，依据早迟“三桃”分。
最早出现伏前桃，七月二十前成铃。
这种棉铃数量少，带桃入伏棉农心。
七月下到八月中，伏桃此时来出生。
伏桃铃大品质好，产量要占六七成。
秋桃出生时间晚，八月下旬后成铃。
铃期气温逐渐降，品质较差铃重轻。

11.2.2.9　棉籽

棉籽多为椭圆形，顶端尖锐基圆钝。

种皮若无短绒盖，表面一般很光生。
短绒有无看品种，覆盖短绒水难浸。

种皮表面棕黑色，细看一般有脉纹。
种子富含蛋白质，还有脂肪和棉酚。
棉酚人畜皆有毒，食用饲用均不行。

11.2.2.10 棉纤维

种皮胚珠外珠被，表皮细胞来形成。
单个细胞来突起，伸长并把厚度增。
如果细胞突起早，纤维具有纺织能。
这种纤维很细长，根部脚浅易脱分。
若是细胞突起晚，纤维较短扎根深。
轧花一般难脱掉，种子上面一绒层。

11.3 棉花产量和品质

11.3.1 棉花产量

单位面积皮棉重，三个因素来决定。
总铃数量是第一，还有铃重和衣分。
密度影响总铃数，地力管理肥水平。
还看气候与虫病，它们影响落蕾铃。

单铃重量看品种，也看生长的环境。
温光水肥环境好，铃大铃重容易成。
皮棉不含种子重，只占籽棉一部分。
这个比例叫衣分，百分比率来相称。
环境影响衣分小，主要在于遗传性。

11.3.2　棉花的品质

棉花品质看纤维，纤维是否利纺织。
一看纤维的长度，长度愈长愈有利。
二看纤维整齐度，纤维纺织需整齐。
三看纤维的细度，纺织要求纤维细。
四看纤维的强度，最好具有强拉力。
五看纤维成熟度，成熟度高较适宜。
棉花品质看品种，也看环境适不适。
光温肥水病虫害，影响棉花的品质。

11.4　棉花栽培技术

11.4.1　棉田整地

一熟棉花重整地，深耕产量高浅耕[1]。
深耕结合有机肥，有利棉花扎根深。
前茬收后及时耕，以便冰雪冻土层。
减少田间病虫害，熟化土壤供养分。
播前之时再整地，保墒净松碎齐平。

【注释】

[1] 深耕产量高浅耕。指深耕地的棉花产量高于浅耕地。

11.4.2　播种技术

11.4.2.1　播种时间与种子准备

气温稳定十四度[1]，棉花播种正当时。
晴日晒种两三天，脱绒之后再包衣。
脱绒施用浓硫酸，除去附着水清洗。
农药掺拌少量土，均匀附着种籽粒。
拌种农药来杀菌，灵福合剂卫福剂[2]。

【注释】

［1］气温稳定十四度。十四度指14℃。［2］灵福合剂卫福剂。卫福剂指卫福合剂。

11.4.2.2　种植密度

播种密度有讲究，春播夏播各不同。
春播亩株三四千，五千六千夏播种。
一万以上在新疆，高密栽培也适用。

11.4.2.3　行株距

宽窄行或等行距，各自情况各相宜。
宽行接近百公分，窄行大约在半米。
宽行有利透风光，窄行可以保密植。
八十厘米等行距，便于用光难管理。
播种之时应画线，行距株距要一致。

11.4.2.4　种肥与播种

种肥可用硫酸铵，施用尿素不适宜。
化肥不要单独用，一般结合粪水施。
播种深度要均匀，覆土大约两厘米。

11.4.2.5　苗期管理

一叶之时可间苗，三叶应把苗子定。
地膜棉花出苗后，早晚放苗应抓紧。

11.4.3　施肥技术

棉花基肥和追肥，施氮地方要分清。
北方基肥比例大，一般要占五六成。
沙性土壤追两次，壤土追肥一次行。
一次追在花前后，二次开花或花铃。

南方基肥约三成，追肥三次来划分。
蕾肥一成花铃五，一成追在刚打顶。

棉花不仅需要氮，还需微肥和钾磷。
磷钾早施效果好，植株体内可转运。
微量元素需要多，钼硼铁镁锰和锌。
硼肥锌镁宜施底，钼锰铁肥根外喷。

11.4.4　灌溉技术

北方春季常干旱，春播棉花播前灌。
秋冬春灌都皆可，保证土壤润不干。
秋冬灌水勿过早，最好冻前十五天。
如果秋冬未灌溉，春灌半月来提前。

苗期需水占一成，需水两成是蕾期。
花铃需水六成多，一成多是吐絮时。
北方灌水始初花，盛花灌水高效率。
如果播前有储灌，可以盛花浇一次。
以后如果遇天干，据情浇水需适宜。

南方棉花干夏季，早晚浇穴灌沟渠。
八九月份雨水多，注意开沟防涝渍。
新疆天然降雨少，棉花浇灌四五次。
地膜覆盖加滴灌，膜下滴灌最合适。

11.4.5　整枝技术

11.4.5.1　整枝与去叶枝

保证养分集中用，棉花栽培要整枝。
叶枝顶心和赘芽，边心老叶均不利。
第一果枝出现后，下面叶枝除及时。

减少叶枝争养分，保证养分供花蕾。

11.4.5.2 打顶与去边心

果枝数量适宜后，栽培要求需打顶。
打顶控制纵向长，有利果枝得养分。
果枝节数达目标，一般要求摘边心。
控制棉株横向长，增加铃重利环境。

11.4.5.3 除赘芽与老叶

顶端优势去除后，果枝叶腋赘芽生。
消耗养分又遮光，及时去除有收成。
棉花后期下部叶，龄老又常被遮阴。
消耗较多生产少，除去通风省养分。

11.4.5.4 整枝新技术

棉花整枝很费工，密植用药可调控。
新疆棉花高密植，赘芽较少省劳工。
栽培施用缩节胺，棉花整枝也轻松。
促进根系改株型，高产栽培宜采用。

11.4.6 中耕培土除草

棉花壮苗先壮根，生产栽培需中耕。
抢种抢栽未耕地[1]，中耕除草要抓紧。
勤中耕时地不板，早中耕时地升温。
中耕除草防涝旱，结合培土产量增。

前期中耕适当浅，控制旺苗宜较深。
培土可以防倒伏，一般两次来进行。
宽行中间取沟土，放在两侧覆基茎。

【注释】

[1] 抢种抢栽未耕地。指前茬收后没有耕就播种或移栽棉花地块。

11.4.7　病虫防治

危害棉花病虫多，预防防治要兼行。
枯萎黄萎病植株，红腐黑果病棉铃[1]。
蚜虫蓟马地老虎，棉铃虫和蜘蛛等。
抗性品种要选用，种植田块要换轮。
田间茬草清干净，种子处理不要省。
生物灯光可杀虫，施用农药看病情。

【注释】

[1] 枯萎黄萎病植株，红腐黑果病棉铃。指枯萎病和黄萎病主要危害植株，红腐病、黑果病主要危害棉铃。

11.4.8　收获技术

棉花成熟逐渐行，分批收获要相应。
晚熟田施乙烯利，提早一周熟棉铃。
品种僵花分摘晒[1]，分轧分售和分存。
株上地上要拾完，棉叶碎片要去净。
如果采用机械收，规模较大地平整。
棉花品种较适合，栽培措施也跟进。

【注释】

[1] 品种僵花分摘晒。指不同棉花品种要分开摘晒，好花和僵黄花要分开摘晒。

第 12 章　油菜栽培

12.1　油菜栽培生物学基础

12.1.1　油菜的生育过程

油菜一生分五期，不同时期异特性。
发芽出苗第一期，子叶转绿来界定。
秋播一般四五天，春播两周才可行。

出苗现蕾是苗期，需要四月来完成。
营养器官大生长，发根生叶长缩茎。
主茎花芽始分化，生殖生长开始行。

现蕾初花蕾薹期，一月左右可发生。
营养生长占优势，生殖生长也并进。
花蕾发育来长大，叶片增大主茎伸。
后期出现一次枝，根系扩大活力增。

始花终花开花期，四周左右来完成。
盛花之后大转折，茎叶根系生长停。
生殖生长渐优势，开花结果同进行。
昆虫风力均传粉，异交可占两三成。

终花成熟角果期，一月左右来完成。
此期叶片逐渐衰，角果渐代叶功能。
栽培管理很重要，粒数粒重这期定。

12.1.2　油菜器官形成

12.1.2.1　油菜的根

油菜根是直根系，主侧根毛来组成。
主根长度半米上，垂直向下分布深。
侧根分布相对浅，三十厘米耕作层。
中期根系横向长，接近半米在水平。

12.1.2.2　油菜的茎

主茎长度一二米，有节三十茎坚韧。
绿色微紫深紫色，表面覆被有蜡粉。
主茎一般分三段，基部节密为缩茎。
节间密集很肥大，节上生叶是长柄。
伸长茎段在中部，短柄叶在这里生。
主茎上部薹茎段，此处无柄叶形成。

12.1.2.3　油菜的分枝

油菜很强分枝性，三次分枝来形成。
依据一次枝部位，可分三种植株型。
下生分枝中下部，株型筒状或丛生。
上生分枝部位高，植株犹如扫帚形。

中生分枝很均匀，株型呈现纺锤形。
主花序长匀生枝，主花短弱另两型[1]。
生产栽培甘蓝型，分枝特点多均匀。

【注释】

［1］主花序长匀生枝，主花短弱另两型。指主花序长的一般是匀生分枝，主花序短或弱的一般是丛生型或扫帚型。

12.1.2.4 油菜的叶

油菜真叶不完全，一般可分三种型。
长柄叶生缩茎段，具有明显长叶柄。
基部两侧无叶翅，叶缘缺刻或齐整。
甘蓝中熟十六片，早熟叶少晚多生。

短柄叶生伸长段，没有明显的叶柄。
基部两侧生叶翅，全缘羽裂渐尖形。
甘蓝中熟七八片，它的出现花芽分。

无柄叶生薹茎段，分枝上面也着生。
甘蓝中熟六七片，长三角形或戟形。

12.1.2.5 油菜的花

总状无限油菜花，主茎顶端分枝顶。
一个花序若干朵，共同着生一花梗。
每朵小花四花瓣，盛开之时“十”字形。
花多黄色很鲜艳，基部四个蜜腺生。

12.1.2.6 油菜的角果

油菜果实长角果，三个部分来组成。
基部果柄端果喙，中间主体是果身。
角果直生或斜生，还有平生垂生型。

全田角果表面大，可与叶片相比拼。
光合速率也不低，相比叶片较接近。
终花期后叶枯萎，粒重贡献达七成。

12.1.2.7 油菜的种子

果内种子二十粒，呈现球形近球形。

种皮黑褐金黄色，淡褐淡黄黄色等。
颜色深浅看品种，还有种子成熟性。
黄粒种子含油多，黑褐籽粒高产能。

12.1.3　油菜与环境

12.1.3.1　温光特性

温光特性似小麦，具有感温感光性。
冬性品种要求严，春化必须经低温。
零到五度三十天[1]，晚熟品种这类型。

十度以上春性种[2]，经历半月就可行。
春播油菜是此类，冬播早熟这类型。

温度天数居中间，这种类型半冬性。
冬播油菜中熟种，春播晚熟这类型。

油菜光性长日照，日照长度较灵敏。
日照长于十四时，有利现蕾把花生。
春播油菜感光强，冬播早熟较迟钝。

各地温光有差异，适宜不同生态型。
冬性北方宜冬播，中原华东半冬性。
春播多是春性型，不要随便把种引。

【注释】

［1］零到五度三十天。零到五度指 0～5℃。［2］十度以上春性种。十度以上指大于 10℃。

12.1.3.2　油菜的肥水特性

油菜需肥量较大，注意施用硫硼磷。
籽粒多含硫化物，缺硫降质少收成。

缺硼开花不结实，花而不实呈病症。
少磷植株根系小，花芽分化迟发生。

施肥重视三要素，硫硼施用要上心。
底肥数量应施足，一般可占四五成。
早施苗肥重薹肥，花肥粒肥看苗情。

苗期时长耗水弱，总耗水量占三成。
薹花时短耗水多，四成五成需水分。
角果期间逐渐少，二三成水就可行。
冬灌春灌要及时，保持土壤较湿润。

12.2 油菜育苗移栽技术

12.2.1 油菜壮苗标准

油菜栽培育壮苗，壮苗具备下特征。
株型矮壮叶柄短，根茎粗短茎未伸。
根系发达主根粗，侧根较多有几层。
苗龄适中七八叶，叶厚色深适老嫩。
叶片没有现虫口，叶子正常没有病。

12.2.2 油菜育苗技术

适期播种两兼顾，壮苗早发安全性。
冬前不要现蕾薹，壮苗刚好冬前成。
旬均温度二十度，一般九月中下旬。

苗床肥沃做成厢，土壤细碎足硼磷。
分段计划播种量，播种较稀又均匀。
出苗之后勤间苗，三叶期间把苗定。
植株之间不拥挤，下部叶片少遮阴。

二叶期施清粪水，三叶适量速氮增。
三叶之后控肥水，避免植株过旺盛。
三四叶施多效唑，降高缩茎短叶柄。
秋季绿色植物少，苗床注意防虫病。
准备移栽一周前，施好肥料利起身。

12.2.3　油菜移栽技术

油菜移栽适期早，以便冬前成壮苗。
越冬之前一月半，移栽油菜比较好。
肥田亩株七八千，瘦田一万不能少。

选择壮苗来移栽，发根较快恢复早。
起苗最好略带土，边移栽时边起苗。
细土润土四周压，栽后浇水活率高。

12.2.4　苗期管理

苗期追氮约二成，活棵即施尽量早。
行间一般多裸露，人工药剂除杂草。
冬前行间浅耕翻，覆盖缩茎防冻好。
盖土一般三厘米，冬后扒土再露苗。

12.2.5　蕾薹期管理

蕾薹期间旺壮弱，薹叶距离是指标。
薹高高于短柄叶，二十厘米就头冒。
前期缺氮叶不长，植株表现是弱苗。

薹高低于短柄叶，四十厘米才头冒。
前期氮肥施太多，植株表现是旺苗。

薹高等于短柄叶，三十厘米平头到。
植株生长很稳健，这种表现是壮苗。

弱苗需要追薹肥，薹高一十厘米好。
薹肥一般二三成，施后培土可防倒。
旺苗需要控徒长，深度中耕较有效。

12.2.6 花角期管理

花角期间是后期，产量形成关键时。
这时吸氮占三成，肥多肥少均不利。
花肥是否该施用，要看苗情适不适。
土壤要求不干旱，降雨多时防水渍。
注意蚜虫菌核病，危害产量和品质。

12.2.7 收获

终花之后三十日，角果黄色最适宜。
三分之二角果黄，抓紧收获不要迟。
收获晚了角果爆，散落满田菜籽粒。
收后晾晒两三天，天晴脱粒才当时。

第 13 章　花生栽培

13.1　花生栽培生物学基础

13.1.1　花生的类型

花生有种二十一，一个栽培生产用。
栽培具有两亚种，密枝疏枝各不同。
交替开花是密枝，连续开花疏枝种。

根据荚果开花性，花生又分四类型。
普通类型花期长，具有交替开花性。
主茎一般不着花，生育期长多枝生。
荚果较大二粒子，果壳较厚网纹平。

珍珠豆型花期短，具有连续开花性。
主茎常常着生花，生育期短少枝生。
荚果较小二粒子，果壳较薄葫芦型。

龙生型种生育长，具有交替开花性。
主茎一般没有花，抗逆性强多枝生。
三四粒子荚果内，曲棍荚果深网纹。

多粒类型生育短，具有连续开花性。
主茎生花分枝弱，三四粒子果内生。
种子一般休眠短，果壳较薄串珠型。

13.1.2 各器官形态特征

13.1.2.1 根系

圆锥根系花生根，主根侧根来组成。
主根一般半米长，最长入土两米深。
主根侧根结根瘤，四片真叶始形成。
开花之前固氮少，盛花初荚最旺盛。

13.1.2.2 主茎和分枝

主茎直立位中央，十七八个节间生。
分枝可以上三次，一次分枝自主茎。
分枝角度来分类，直立蔓生半蔓生。
主茎一般少开花，基部侧枝花形成。

子叶节上两侧芽，两个侧枝成对生。
一二真叶腋芽出，三四侧枝靠得近。
荚果来自这四枝，要占产量八九成。

13.1.2.3 花生的叶

羽状复叶四小叶，共有托叶和叶柄。
小叶形状品种异，多为卵圆椭圆形。
叶柄基部有膨大，植物学上称叶枕。
托叶两片柄基部，形状可把品种分。
小叶昼开夜闭合，具有一定向光性。

13.1.2.4 花生的花

花序着生叶腋间，花序实为变态枝。
花为两性完全花，具有雄蕊和雌蕊。
侧枝每节都有花，称为连续开花式。
侧枝节花交替开，部分节上无生殖。

13.1.2.5　花生的果

顶端突出为果嘴，室间缩缢称果腰。
表面条纹是网纹，荚果形状需记好。
普通葫芦茧蜂腰，斧头曲棍串珠宝[1]。
曲棍串珠三粒子，其余二粒常见到。

【注释】

［1］普通葫芦茧蜂腰，斧头曲棍串珠宝。花生荚果类型一般分为普通型、葫芦型、茧型、蜂腰型、斧头型、曲棍型、串珠型。

13.1.2.6　花生的种子

花生种子咋组成，种皮和胚两样生。
种皮红紫有深浅，它是品种一特征。
胚有子叶及胚芽，胚根胚轴四部分。
子叶两片很肥大，重量体积占九成。

13.1.3　花生的生育特性

13.1.3.1　出苗期

播种大约半个月，幼芽出土叶展平。
花生种子萌发时，胚根入土成主根。
胚轴形成粗根颈，不断发育向上伸。
推送子叶到土表，胚轴伸长就叫停。
子叶一般不出土，播浅出土也发生。
花生播种若过深，伸长受阻枝难成。

13.1.3.2　幼苗期

出苗开花幼苗期，一月时间才完成。
根系生长结根瘤，花芽分化侧枝生。
氮素代谢占优势，施肥促进根瘤菌。

13.1.3.3　开花下针期

始花盛花花针期，生殖营养均旺盛。
大约经历三四周，春播时长夏短生。
自下而上逐渐开，由内向外开花型。
一株开花上百朵，不孕花数占三成。

开花之后三五天，子房组织速分生。
先端形成针状物，基部形成子房柄。
针状物名是果针，向地伸长是特性。
果针入土子房膨，这时果针伸长停。
开花早的易下针，一般下针三四成。
入土结荚是前提，下针要求土松润。

13.1.3.4　结荚期

盛花饱果结荚期，子房膨大荚果生。
这期需要两个月，结荚需要好环境。
子房膨大需黑暗，机械刺激和水分。
氮磷钾素钙营养，氧气充足适宜温。
二十五到三十度[1]，田间持水六七成[2]。

【注释】

[1] 二十五到三十度。指 25～30℃。[2] 田间持水六七成。指占田间持水量的 60%～70%。

13.1.3.5　饱果期

饱果开始到成熟，一个多月来发生。
营养生长渐衰退，生殖优势逐渐增。
荚果重量增长快，要占果重六七成。

13.2　花生栽培技术

13.2.1　播种

13.2.1.1　种子准备

因地制宜选良种，早熟晚熟各不同。
春播宜选晚熟种，秋播早熟来选用。
土壤肥力有高低，还要考虑抗病虫。

生产不用隔年种，上季种子才适中，
带壳晒种一两天，剥壳之后即播用。
籽粒饱满颜色鲜，杀菌药剂来拌种。
也可拌种辛硫磷，有利防治地下虫。

13.2.1.2　整地与播种

土壤条件很重要，耕层深厚排水好。
有机物质含量多，土壤疏松钙质高。
前茬收后即整地，整地一定尽量早。
畦作可以厚耕层，畦沟方便防水涝。

气温十五可播种[1]，南方早来北方迟。
南方三月可开始，北方四月才适宜。
三十厘米行距宽，二十厘米的株距。
早熟每亩两万株，一万二三晚熟适。
四五厘米播种深，覆土均匀要一致。

【注释】

[1] 气温十五可播种。十五指15℃。

13.2.2 花生的田间管理

13.2.2.1 营养与施肥

花生元素需要多，氮磷钾钙最大量。
氮素一半自根瘤，还有一半需施放。
有机肥料作基肥，速效肥料配适当。
基肥用量七八成，施用微肥看土壤。

追肥一般二三成，氮磷钾钙要适量。
花针期前根际施，施后培土草除光。
结荚区域施钙肥，微肥根外来喷放。

13.2.2.2 花生的水分管理

需水较多是中期，临界需水盛花时。
一生相对较耐旱，水分过多很不利。
燥苗湿花和润荚，这是土壤水管理。
田间持水五成上，超过八成应排水[1]。

【注释】

［1］田间持水五成上，超过八成应排水。指土壤含水量应高于土壤田间持水量的50%，但超过田间持水量80%时应排水防渍。

13.2.2.3 炼苗和青棵

炼苗习惯称蹲苗，控制幼苗期水分。
幼苗上部慢生长，促进根系来扎深。
茎节短密矮壮苗，有利以后基枝生。

土壤深播要青棵，扒开植株周围土。
两片子叶出地面，腋内侧芽能外露。
侧芽成枝生长健，开花之前再土覆。

13.2.2.4　中耕培土

花生苗期生长慢，杂草易生需铲除。
中耕除草相结合，始花之后应培土。
培土缩短果针距，提高入土结荚数。
加厚土层增养分，四五厘米为适度。

13.2.2.5　防治病虫害

花生病虫危害大，损失产量占一成。
蛴螬蝼蛄地老虎，青枯锈病褐斑病。
抗病品种和轮作，药剂管理要兼行。

13.2.3　花生的收获与储藏

植株地上停生长，下部枯落顶叶黄。
大多荚果实饱满，果壳变硬网纹亮。
种皮呈现固有色，这时收获最适当。

收获荚果要晒干，晒干荚果摇得响。
手搓种子能脱皮，牙齿咬断响当当。
保护果皮不破损，低温干燥地方放。

第 14 章　甘蔗栽培

14.1　甘蔗栽培生物学基础

14.1.1　甘蔗的栽培种

甘蔗属于禾本科，具有栽培三个种。
分蘖力强中国种，早熟糖多株型中。
根系发达宿根好，易感黑穗绵蚜虫。

高产高糖热带种，株大茎粗显不同。
根不发达宿根差，抗逆不强感病虫。
早熟耐瘠印度种，植株矮小粗放用。
分蘖力强宿根好，花叶黄条易感中[1]。

【注释】

[1] 花叶黄条易感中。指易感花叶病和黄条病。

14.1.2　甘蔗的形态特征

14.1.2.1　根

甘蔗属于须根系，蔗茎作种两种根。
种茎节上的根点，萌动就把种根生。
幼苗长出三真叶，基节苗根来生成。
种根生存时间短，苗根具有永久性。
苗根分布差异大，一般分成三类型。

表层根系浅耕层，吸收养分主功能。
这层根系分枝多，分布方向是水平。

支持根系分枝少，主要分布中耕层。
根系斜向下伸展，主要功能是支撑。
深层根系垂向下，吸收深层水养分。
多年宿根最明显，向下可达五米深。

14. 1. 2. 2　茎

蔗茎包括两部分，节和节间来组成。
节上根带生长带，还有芽口和叶痕。
根带具有数根点，以后萌发可成根。
芽是栽培繁殖体，萌发可把植株生。

节间上有木栓斑，生长裂缝和蜡粉。
圆筒弯曲或腰鼓，细腰或者圆锥形。
节间粗度大中小，能把品种来区分。
节间颜色变化大，可从紫红到黄青。
芽的上方有凹陷，那是芽沟纵向生。

14. 1. 2. 3　叶

叶片叶鞘和叶环，甘蔗叶的三部分。
叶鞘生自叶痕处，形似管状包蔗茎。
叶环紧接鞘上方，四个部分来组成。
叶舌叶耳肥厚带，还有叶喉器官等。

形状多种肥厚带，叶环上方两旁生。
具有弹性伸缩性，调节叶角主功能。
叶环上方是叶片，分布状态多种型。
疏散弯曲和斜立，挺直下垂横向平。
表面粗糙有刚毛，叶缘微小锯齿形。

14.1.3 甘蔗生育时期

14.1.3.1 萌芽期

蔗茎入土环境适，蔗芽萌动向上伸。
下种之后到萌发，直至芽数出八成。

成熟蔗茎不同位，萌芽具有差异性。
近稍萌发快而壮，萌发迟的是基茎。
根的萌发近稍差，中部节段易发根。

发芽最适三十度[1]，十三度是最低温[2]。
水分多少都不利，田间持水七八成[3]。

【注释】

[1] 发芽最适三十度。三十度是 30℃左右。[2] 十三度是最低温。十三度是 13℃。[3] 田间持水七八成。指田间持水量的 70%～80%。

14.1.3.2 幼苗期

出苗之后五叶止，甘蔗进入幼苗期。
种根苗根相交替，促进苗根要及时。
基肥磷钾施足外，速效氮肥适当施。
田间持水七八成，防治田间遭水渍。

14.1.3.3 甘蔗的分蘖期

幼苗长到五六叶，基部侧芽分蘖生。
分蘖成茎称蘖茎，种苗成茎为主茎。
蘖茎大到榨糖用，有效分蘖来命名。
大茎品种少分蘖，小茎品种多蘖性。
稀植强光土肥沃，适宜分蘖好环境。

14.1.3.4　伸长期

蔗株拔节始伸长，一直持续伸长停[1]。
这时植株大生长，发根开叶长大茎。
节间数目增长快，伸长伴着茎粗增。

单叶面积达最大，个体生长最旺盛。
群体个体有矛盾，下部叶片防遮阴。
水肥光照要充足，叶阔茎粗高糖分。
氮需五成磷钾七，田间持水宜八成[2]。

【注释】

[1] 蔗株拔节始伸长，一致持续伸长停。指伸长期从茎秆开始伸长到伸长停止的这一时间。[2] 田间持水宜八成。八成指田间持水量的80%。

14.1.3.5　成熟期

甘蔗成熟有标准，工艺成熟来判定。
蔗糖积累达高峰，蔗汁达到工艺纯。
形态表现蔗叶黄，顶部叶片簇状生。
节间表面较光滑，蜡粉脱落茎色深。

成熟过程糖积累，自下而上逐节进。
成熟之时糖分高，各段含量约相等。
工业成熟及时收，否则转化降糖分。

温差较大很有利，田间持水六七成[1]。
收前一月停灌水，不要施氮防贪青。

【注释】

[1] 田间持水六七成。六七成指田间持水量的60%～70%。

14.2 甘蔗栽培技术

14.2.1 蔗田准备

四十厘米耕土深，下面较粗上细平。
九十厘米开植沟，湿田宜浅旱地深。
基肥适宜施沟底，有机肥料拌钾磷。

14.2.2 种茎准备

14.2.2.1 品种和种茎选用

种茎高产一半功，首先一定选品种。
选株选段选芽口，株段一致要相同。
茎蔗梢头常作种，也把上段来使用。

蔗茎叶鞘先剥除，一节两节来砍种。
每段一芽或二芽，根据土壤有不同。
干旱地块三五芽，也有全茎来使用。

14.2.2.2 催芽

种茎可以先催芽，有利全苗壮苗生。
催芽温度控制好，二十七度就可行[1]。
一层堆肥一层茎，堆肥发酵把温升。
堆放发芽也使用，需要盖膜来保温。
蔗芽萌动鹦鹉嘴，根点刚突催芽停。

【注释】

[1] 二十七度就可行。二十七度指 27℃。

14.2.3 下种

14.2.3.1 密度与播期

种植密度看品种，生产水平和环境。

中茎亩株在一万，大茎减少小茎增。
春种一般立春后，可以种植到清明。
夏种开始在立夏，夏至种完要抓紧。
宿根甘蔗不下种，蔗蔸侧芽萌发生。

14.2.3.2　下种方式

下种方式多样分，因地制宜采纳行。
双行条播来顶接，或者双行“品”字形。
单行三行也在用，段段连接顶对顶。
种芽侧向要一致，紧贴沟土放均匀。

14.2.3.3　地膜栽培

甘蔗栽培盖地膜，提早出苗产量增。
地膜栽培覆土浅，有利光照升芽温。
覆膜前施除草剂，盖膜上方要拉平。
地膜紧贴土壤面，四周膜边要压紧。

14.2.4　肥水管理

甘蔗需要三要素，钾素最多较少磷。
磷肥虽然需要少，酸性土壤磷固定。
甘蔗产区红黄壤，施用磷肥势必行。
硼锌钼锰微肥施，避免元素缺乏症。
植株高大叶片多，生长期长耗水分。
中期较多两头少，管理要求土湿润。

14.2.5　田间管理

春播注意防天旱，天旱浇水助苗生。
夏种注意防涝渍，避免积水烂种茎。
出苗四叶要查苗，补种之后需水淋。
补种种苗先假植，以便出苗有保证。

分蘖末期应中耕，抑制后期分蘖生。
中耕除草相结合，改善土壤通透性。
追肥之后应培土，培土高低看苗情。

低温阴雨在前期，注意防治凤梨病。
中期易发梢腐病，五到六代害虫螟。
蚜虫干旱易发生，及时防治要抓紧。
甘蔗叶有功能期，后期老叶失功能。
保留上部九片叶，通风透光少病生。

14.3 宿根甘蔗栽培

14.3.1 宿根甘蔗地下部生长特点

宿根甘蔗两种根，老根新根来组成。
老根上面枝根多，还有密密根毛生。
新根一般发生早，活力旺盛强功能。

老根作用七月前，新根作用不断增。
蔗苗前中长得快，两套根系是原因。
宿根甘蔗根系浅，容易倒伏或翻身。

蔗桩较多地下芽，不到一半萌动生。
高位蔗芽生长弱，易受干旱和虫病。
只有蔗芽位置低，才易成为有效茎。

14.3.2 宿根甘蔗地上部生长特点

前期长快后期慢，生长具有早衰样。
缺株较多茎数少，有效茎秆多粗壮。
蔗桩上移容易倒，早熟老健高含糖。

14.3.3　栽培技术

选用品种很重要，高产稳产宿根性[1]。
种好上季是基础，土厚肥沃地无病。
上季收获不采垄，小锄低砍不伤根。
冬季寒冷要盖桩，蔗叶地膜均可行。

春季开垄松蔸早，促进萌芽早发生。
早施肥料早浇水，回垄培土要相应。
查苗补苗也要早，补苗细管促均匀。
春季早发见青早，注意防虫和治病。

【注释】

[1] 高产稳产宿根性。宿根性指宿根性强。

第 15 章　烟草栽培

15.1　烟草的类型

茄科烟草栽两种，普通烟和黄花烟。
普通烟草面积大，分布华北到华南。
黄花烟草生育短，多种高纬和高寒。

干燥方法来分类，四个类型最常见。
烤烟晒烟和晾熏，各自加工有特点。

烤烟人工控温度，加热干燥用火管。
卷烟工业主原料，少用斗烟和嚼烟。

晒烟利用太阳光，辐射干燥使烟干。
香料黄花均晒制，地方自用也晒烟。

晾烟挂在阴凉处，利用通风使烟干。
白肋雪茄马里兰，烟叶干燥是晾烟。

熏烟不用见明火，木柴烟雾来熏干。
用作鼻嚼和斗烟，我国未种很难见。

15.2　烟草栽培生物学基础

15.2.1　形态特征

15.2.1.1　根

烟草根是直根系，根系呈现圆柱形。
主根侧根不定根，三个部分来组成。
移栽之时主根断，一般见到多侧根。
根系入土半米内，三十厘米在水平。
除了吸收支持外，合成烟碱有功能。
茎叶烟碱多与少，全从根系来转运。

15.2.1.2　烟草的茎

烟草茎中充满髓，成熟黄绿圆柱形。
茎上有节节生叶，叶腋可把分枝生。
伸长依靠生长点，加粗在于形成层。
前期长慢中期快，后期又慢直至停。

15.2.1.3　烟草的叶

烟草叶片不完全，没有托叶少叶柄。
多数叶片呈椭圆，也有披针卵圆形。
烟草一般呈绿色，白肋色浅黄花深[1]。

成熟烟叶均变黄，熟度情况黄色定。
有效叶片二十多，叶数够时常去顶。
大小厚薄变化大，品种部位可区分。
面生保护和腺毛[2]，保护或者泌油分。

【注释】

[1] 白肋色浅黄花深。指白肋烟是浅绿色，黄花烟是深绿色。[2] 面生保护和腺毛。保护指保护毛。

15.2.1.4 烟草的花、果实和种子

花序有限聚伞状，雌雄同花自授粉。
普通烟草花红色，可与黄花烟区分。

株结蒴果两百个，蒴果呈现卵圆形。
果含种子两千多，种子粒小挺坚硬。
种子褐色呈椭圆，表面覆盖角质层。
播种之前洗搓种，可以增加通透性。

15.2.2 烟草生长与环境

烟草一生喜热量，二十七度是适温[1]。
生长最低在十度[2]，三十五度生长停[3]。
烟草喜光日照好，优质烟叶天气晴。
光弱叶薄物质少，香气缺乏低油分。
光照过强也不利，叶肉加厚暴粗筋。

烟草虽然是旱作，一生也需多水分。
土壤干旱生长慢，叶小叶厚缺弹性。
糖类物质含量少，香气较少味辣辛。
雨水太多叶片薄，无味少油易发病。
土壤质地沙壤好，土性微酸至中性。
肥力中等含氯少，结构疏松厚土层。

【注释】

[1] 二十七度是适温。适温在25～28℃。[2] 生长最低在十度。十度指10℃。[3] 三十五度生长停。三十五指35℃。

15.2.3 烟草的生育时期

15.2.3.1 苗床期

烟草幼苗生苗床，苗床四期要经历。

播种出苗出苗期，子叶平展半床时。
第一真叶到五叶，四片真叶十字期。
十字期间抗逆弱，间苗施肥不要迟。

第五真叶到七叶，植株进入生根期。
地上部分生长慢，生长中心在根系。
第八真叶到移栽，成苗时期备栽植。
地上部分生长快，肥水供应要适宜。

15.2.3.2　大田期

移栽大田到采收，四个时期也经历。
移栽成活还苗期，生长恢复不停滞。

植株还苗到团棵，烟草进入伸根期。
侧根支根生长快，茎秆加粗不再细。
三十厘米植株高，株型似球团棵时。

团棵现蕾旺长期，植株高度达一米。
叶芽停止来分化，茎顶分化花原体。
栽培一般去花蕾，养分专供营养器。
叶面扩大光合多，产量品质决定时。

现蕾直到采收完，这是叶片成熟期。
自下而上叶片黄，烟叶决定质量时。
及时打顶去腋芽，增加叶片干物质。

15.3　烟草的产量与质量

15.3.1　产量因素

产量质量不协调，适产才会质量高。

株数叶数单叶重，三个因素要协调。
品种遗传定叶数，叶数多的打顶早。
植株过多质量差，叶小叶薄物质少。
群体太小个体旺，叶厚脉粗质不好。

15.3.2 烟草质量

15.3.2.1 外观品质

外观质量凭感官，能把烟叶质量判。
颜色光泽成熟度，油分结构和破残。
优质烟叶成熟好，色浓均匀一叶面。
大小适宜油分足，厚薄中等疏松弹。

15.3.2.2 内在品质

内在品质两组成，吸食品质和成分。
香气吃味刺激度，劲头杂气燃烧性。
糖类氮类矿物质，各自含量要相应。
优质成分有要求，含量比例赖环境。

15.4 烟草栽培技术

15.4.1 育苗技术

15.4.1.1 壮苗标准

育苗要求苗子壮，苗齐苗足和适时。
壮苗苗龄两个月，七八片叶高一致。
幼茎粗壮柔性好，根系发达较整齐。

15.4.1.2 露地育苗

烟草育苗方式多，少量育苗在露地。
冬春露地盖地膜，土壤做厢土平细。
种子拌土均匀撒，保证出苗要一致。

详细方法不赘述，间苗肥水细管理。

15.4.1.3　漂浮育苗

大量育苗用漂浮，漂浮育苗赖设施。
首先要有育苗棚，塑料大棚或温室。
第二要有漂浮盘，泡沫塑料较轻质。
长宽厚度有要求，盘内有孔两百隙。

第三基质吸水强，同时要求易透气。
草炭泥炭植残体，疏水材料适比例。
秸秆残体六七成，腐熟碳化要整细。
疏水材料三四成，膨化珠岩和蛭石[1]。

第四准备营养液，氮磷钾素比例适。
氮钾元素一样多，磷的用量一半施。
第五要有育苗池，长宽一般四比一。
二十厘米的深度，盘间适当有距离。

育苗提前两个月，育前消毒各设施。
基质湿润团能散[2]，装满苗盘的孔隙。
池内装好营养液，育苗塑盘轻放池。
孔隙压平上打孔，每穴播种一二粒。

播种直到十字期，水深可在七厘米。
十字期后气温高，加液使盘池埂齐。
十八度到三十度[3]，这个棚温最适宜。

四片真叶出现时，间苗定苗不要迟。
六片真叶出现后，剪叶控长促根系。
剪去叶片一半长，一般每周可一次。

栽前一周需炼苗，提高移栽成活率。

【注释】

[1] 膨化珠岩和蛭石。珠岩指珍珠岩。[2] 基质湿润团能散。指基质湿润手握能成团，掉在地上能散开。[3] 十八度到三十度。指 18～30℃。

15.4.2 大田整地与移栽

早耕深耕土碎平，上虚下实不架空。
垄底宽度在一米，栽前两周来起垄。
起垄之前施基肥，垄面饱满弧形钟。
密度多少看类型，栽培环境和品种。
五十厘米的株距，错窝排列在正中。
气温高于十五度，抓紧移栽不放松。

【注释】

[1] 气温高于十五度。十五度指 15℃。

15.4.3 烟草大田管理

15.4.3.1 苗期管理

查苗补苗需早行，注意防治虫和病。
返青之后即中耕，松土保墒增土温。
三周之后第二次，促进烟株多生根。
团棵前后第三次，浅锄培土覆基茎。

15.4.3.2 施肥

大田施肥需平衡，适施氮肥配钾磷。
烟草需肥有特点，少时富来老时贫。
基肥一般比例大，北方要占七八成。
南方温高雨水多，六成基肥就可行。

追肥施用一二次，六周施完促苗情。

旺苗植株要控氮，可施磷钾根外喷。
钾肥不用氯化钾，氯肥降低燃烧性。

15.4.3.3　灌溉

烟草耐旱却怕涝，苗期水少利长根。
田间持水苗期六[1]，成熟最好在七成[2]。
旺长期间八成水[3]，开沟排除多水分。

【注释】

［1］田间持水苗期六。指苗期土壤含水量为田间持水量的60%。［2］成熟最好在七成。指成熟期间的土壤含水量为田间持水量的70%。［3］旺长期间八成水。指旺长期土壤含水量为田间持水量的80%。

15.4.3.4　整枝

现蕾之后应打顶，减少生殖耗养分。
打顶之后易长枝，随时控制腋芽生。
化学人工早除芽，人工除芽用工勤。
可以涂抹抑制剂，涂抹一次就能行。

15.4.3.5　成熟标准

烟草移栽八周后，逐渐成熟就发生。
工业成熟有标准，一般具有下特征。
叶片绿色变黄绿，叶角增大基离层。
茸毛脱落尖垂下，主脉变白亮铮铮。
采摘易落断面齐，茎叶剥离硬脆声。

15.4.3.6　收获

从下到上逐渐收，分作几次来进行。
每次收叶二三片，要收熟叶不收生。
采收宜在阴晴天，叶面不要有水分。

第 16 章　其他经济作物栽培

16.1　甜菜栽培

16.1.1　甜菜的形态特征

16.1.1.1　甜菜的种子

甜菜种子是果实，皱缩不规近球形。
果皮一般呈褐色，果壳果盖又两层。
果盖里面是种子，种皮褐红扁豆平。
真正种子籽粒小，要求土细不播深。

16.1.1.2　甜菜的叶

甜菜叶为双子叶，子叶出土椭圆形。
真叶一般是单叶，叶片叶柄来组成。
叶柄地面角大小，直立斜立匍匐生。
叶片形状变化大，扇形柳叶舌或心[1]。
叶片绿色深或浅，要看品种和环境。

【注释】

［1］扇形柳叶舌或心。指叶片形状呈扇形、柳叶形、舌形或心形。

16.1.1.3　甜菜的根

甜菜块根是产品，主根基部膨大成。
块根组成三部分，根头根体和根颈。
根头上面丛生叶，它是密集短缩茎。
根颈发自下胚轴，根头根体中间生。

胚根发育成根体，长度要占七八成。
根体两侧有腹沟，腹沟可把侧根生。
块根黄色或白色，楔形圆锥纺锤形。
高产要求根头短，根体粗壮长或深。

16.1.2　甜菜生育阶段

甜菜出苗约五周，幼根脱皮前苗期。
幼苗具有十片叶，子叶开始枯黄时。
三次变化根组织，直至幼根来脱皮。
地上部分生长慢，发育较快是根系。
苗期养分很敏感，种肥多磷最适宜。

之后经历再五周，就是叶丛形成期。
二到三天一片叶，加速扩大叶面积。
田间封垄已出现，长叶速度快根系。

此后经历一个月，属于块根增长期。
大量产物送根部，块根此时膨大急。
根中糖分也增加，增加速度相对迟。

以后经历五十天，正是糖分积累期。
地上叶片渐黄枯，因为气温逐渐低。
叶片干物转根部，蔗糖形式来蓄积。
根系吸水大减弱，糖分含量升线直。
临近收获增长慢，根中降低非糖质。
糖分纯度最高点，恰是工艺成熟时。

16.1.3　甜菜的环境要求

东北华北和西北，甜菜具有适应性。

幼苗抗寒性较强，可耐零下几度温。
播种土温五六度[1]，二十度时宜块根[2]。
平均气温十度下[3]，块根生长趋于停。

甜菜属于长日照，后期日长利块根。
块根高产含糖高，日照时数多相应。
光强抑长胞壁厚，茎叶矮健利抗病。

苗期株小需水少，繁茂时需水旺盛。
后期叶片多枯黄，田间不宜多水分。
秋雨较多田渍水，开沟排水防烂根。

甜菜特别喜钾肥，磷肥前期需旺盛。
氮肥需要前中期，钾肥后期达高顶。
氮磷钾素需相等，钠氯元素提产能。

【注释】

［1］播种土温五六度。五六度指5～6℃。［2］二十度时宜块根。二十指20℃。［3］平均气温十度下。十度下指10℃以下。

16.1.4 甜菜栽培技术

16.1.4.1 选地整地

土壤肥沃排水好，土层深厚地势平。
中性微碱壤土地，产高糖多根汁纯。

迎茬重茬要避免，连作减产又生病。
四年一轮效果好，前作小麦最可行。
豆科不宜作前作，蛴螬多害苗难成。

整地浅翻深松耕，避免土壤乱耕层。

前茬收后及时翻，随即耙地地整平。
连续作业来起垄，有利蓄水保墒情。

16.1.4.2　播种

甜菜品种三类型，丰产高糖和标准。
丰产类型产量高，低产类型高糖分。
栽培目标选品种，还有肥水和积温。

大粒种球来做种，种子不用隔年生。
种子磨碾破果皮，能够增加透水性。
温水浸种一昼夜，后用药剂把种闷。
半干之时就播种，出苗较快又抗病。

条播穴播两相可，机播人工均适宜。
六十厘米行距宽，二十厘米是株距。
覆土不深又不浅，一般要求三厘米。
播后及时来镇压，种子土壤接密实。

16.1.4.3　肥水管理

基肥种肥和追肥，六成两成和两成。
基肥条施在垄底，有机肥料拌钾磷。
播种之时施种肥，种子下面两寸深。
九片真叶施追肥，铲趟作业同进行。

甜菜苗期若干旱，结合追肥灌头遍。
头遍灌水水要足，以后看苗来增减。
收前四周不灌水，预防块根被水淹。
垄作开好排水沟，避免水多根腐烂。

16.1.4.4 甜菜的田间管理

真叶出现一二对，间苗时期应抓紧。
条播株距五厘米，小心间苗不伤根。
穴播保留二三株，一周之后把苗定。
定苗每穴留一株，亩株五千就可行。

中耕除草需三次，一次结合间苗行。
人工浅锄或深松，改善通透提地温。
二次宜在定苗后，结合施肥铲较深。
三次中耕封垄前，结合培土盖头根[1]。
秋后再拔一次草，预防田间杂草生。

害虫蛴螬地老虎，危害苗叶咬断根。
对水浇灌或毒饵，防治可用辛硫磷。
成苗甘蓝夜盗蛾，能把叶片吃不剩。
溴氰菊酯来防治，三龄虫前对水喷。
褐斑易感中后期，黄化青枯和白粉。
根据苗情仔细看，认准病情药对症。

工艺成熟可收获，根汁纯度达八成。
一般收在初霜后，多在十月上中旬。
随起随拣随切削，避免日晒和雨淋。
刮掉泥土去根头，去掉根尾和须根。

【注释】

[1] 结合培土盖头根。指培土要覆盖根头，抑制根头生长，提高根体比重。

16.2　甜菊栽培

16.2.1　概述

甜菊又名甜叶菊，属于菊科多年生。
甜菊内含甜菊苷，它把甜味来形成。
甜度是糖三百倍，热量很低保健型。
低热甜料广泛用，适于各种忌糖人。

16.2.2　生物学基础

16.2.2.1　根茎叶

甜菊根系两部分，初生根和次生根。
初生根系很细小，根毛较少弱功能。
次生肉质和细根，肉质根系相对深。

茎秆高度一米多，一般多呈直立型。
下部木质上柔软，两年之后丛生茎。
分枝一级和二级，茎秆龄长枝多生。

子叶真叶和苞叶，三种类型来组成。
真叶一般多对生，叶片倒卵或披针。

16.2.2.2　花果种子

头状花序甜菊花，小花一般为两性。
花瓣紫色或白色，无限花序着枝顶。
同花一般不交配，多靠异花来授粉。

瘦果黑色黑褐色，一般多呈纺锤形。
种皮白色膜质化，种子没有胚乳生。
种子没有休眠期，只有一年的寿命。

16.2.2.3 生育时期

出苗时间需一周，苗期两月才完成。
分枝现蕾近三月，现蕾开花三周行。
五十多天结实期，种子成熟才可能。

16.2.2.4 对环境的要求

甜菊原产在热带，生长期间喜高温。
二十五到三十度[1]，甜菊生长最适应。
光性属于短日照，长日开花难进行。
短期干旱就死苗，土壤要求宜湿润。

【注释】

[1] 二十五到三十度。指25～30℃。

16.2.3 栽培技术

16.2.3.1 育苗与移栽

种小苗小生长慢，一般栽培要育苗。
常规育苗均可用，五对真叶移栽好。
生产也用枝扦插，分株育苗也得搞。

大田土壤精细整，移栽之前准备好。
四月上旬可移栽，带土移栽把水浇。
亩株一万一年生，多年栽培适当少。
五十厘米的行距，错窝种植较为妙。

16.2.3.2 肥水管理

需钾最多氮次之，追施氮肥较适宜。
避免肥料伤叶茎，化肥宜用对水施。
田间持水七八成[1]，过多过少均不利。

【注释】

[1] 田间持水七八成。指土壤含水量为田间持水量的

70%～80%。

16.2.3.3　中耕除草

中耕次数不宜多，避免中耕伤根系。
人工除草需随时，收获之前再一次。
预防杂草混菊叶，降低产品的品质。
多年栽培收获后，中耕土壤利通气。
翌春萌动齐苗后，中耕除草修沟畦。

16.2.3.4　病虫防治

蝼蛄蚜虫菜青虫，立枯叶斑应防治。
抗病抗虫选品种，轮作深耕重管理。
低毒农药来施用，收前一月药停施。

16.2.3.5　收获与储藏

收获不宜过早晚，一成开花就适宜。
可以采取分批收，茎叶晒干要及时。
摊薄堆放不发热，避免变色又变质。
晒干装入塑料袋，密封储存防潮气。

16.3　向日葵栽培

16.3.1　类型与功用

菊科草本向日葵，栽培一般三类型。
食用类型籽实大，壳厚多把蛋白生。
油用类型籽实小，壳薄含油达五成。
中间类型产量高，食用油用可兼行。
葵籽富含亚油酸，降低人体胆固醇。
还含多种维生素，经常食用少生病。

16.3.2 形态特征

16.3.2.1 根

主侧须根和根毛，葵根组成四部分。
主根入土一二米，有的可达三米深。
侧根一米斜向长，四十厘米内土层。
现蕾之前生长快，主根长速超主茎。
根系庞大向日葵，较强抗旱耐瘠性。

16.3.2.2 茎

茎秆直立面粗糙，一层刚毛表面生。
茎由表皮木质部，海绵状髓来组成。
幼茎绿紫老黄褐，开花末期生长停。
茎上分枝不分枝，一般多由品种定。

16.3.2.3 叶

葵叶属于双子叶，初生真叶为短柄。
向上排列螺旋状，三到五对成对生。
以后互生长柄叶，叶片较大心卵形。
叶缘缺刻锯齿状，面有刺毛蜡质层。
二十五到四十叶，依据株高和熟性。

16.3.2.4 花

头状花序称花盘，茎顶枝端来着生。
盘径二十五厘米，外缘苞叶二三层。
一到三层舌状花，着生盘边花单性。
黄色橙黄花瓣大，鲜艳夺目招游人。

盘内有花两千朵，花小两性管状形。
小花黄色或褐色，铺在盘中凹凸平。

雄蕊五枚雌一枚，花冠一般五裂分。

开花顺序外向心，七到十天可完成。
雄蕊先熟雌后熟，异花授粉很典型。
管状花内有蜜腺，吸引昆虫来传粉。

16.3.2.5　果实

瘦果果壳较坚硬，内有一粒种子生。
种子有胚和种皮，种皮半透膜一层。
子叶两枚含蛋白，还有脂肪油浸浸。
外围果大果壳厚[1]，果小壳薄在中心[2]。

【注释】

[1] 外围果大果壳厚。外围指果盘外围。[2] 果小壳薄在中心。中心指果盘中心。

16.3.3　生育时期

16.3.3.1　苗期

出苗之后现蕾前，植株生长是苗期。
子叶平展为出苗，一到两周需经历。
苗期生长根茎叶，后期开始长生殖。
十四叶到十八叶，花盘分化现雏体。
十八叶到二十四，管状花器分化时。

16.3.3.2　蕾期

现蕾之后到开花，植株进入现蕾期。
植株高度增长快，花盘扩大加速时。
养分水分需量大，现蕾肥水不要迟。

16.3.3.3　开花成熟期

现蕾之后二十天，植株进入开花期。

终花之后四十天，果实进入成熟时。
花盘背面淡黄色，盘边还有微微绿。
茎秆黄老下叶枯，籽粒种色现种皮。

16.3.3.4 对环境的要求

四到五度可发芽[1]，幼苗较强耐寒性。
二十五到三十度[2]，植株生长最适温。
光性属于短日照，但对日长不灵敏。
头部朝着太阳转，叶花向阳遗传生。
抗旱较强向日葵，蕾花期需多水分。
土壤要求不严格，旱地盐碱都适应。

【注释】

[1] 四到五度可发芽。指4～5℃可发芽。[2] 二十五到三十度。指25～30℃。

16.3.4 栽培技术

16.3.4.1 选地整地

栽培土壤宜轮作，连作耗钾易生病。
根系入土深又广，春播适宜秋深耕。
耕后耙耱来保墒，经历冻融过冬春。

16.3.4.2 施肥

有机肥料作基底，还需化肥配合施。
撒施条施和穴施，钾多氮少磷再次。
现蕾追肥应开沟，施后培土高度齐。

16.3.4.3 播种

秋季霜前应成熟，根据品种定播期。
八到十度土壤温[1]，春播品种正当时。
食用亩株两千五，油用三千就适宜。

等行种植多采用，七十厘米的行距。

【注释】

[1] 八到十度土壤温。指 8～10℃的土壤温度。

16.3.4.4　田间管理与收获

两对真叶应间苗，三对真叶把苗定。
中耕一般二三次，除草培土兼并行。
一次间苗二次定[1]，松土除草提地温。
三次结合施蕾肥，防倒培土兼中耕。

如有分枝应去掉，避免分散耗养分。
开花期间应放蜂，或者辅助人授粉。
盘背变黄边缘褐，果实皮壳也变硬。
茎秆变黄上叶掉，适期收获应抓紧。

【注释】

[1] 一次间苗二次定。指第一次中耕在间苗时，第二次中耕在定苗时。

16.4　芝麻栽培

16.4.1　概述

芝麻属于胡麻科，脂麻也是它别名。
种子油分品质好，含油一般五六成。
脂肪酸多不饱和，富含维 E[1]具芳馨。
我国各地有栽培，多在鄂豫皖三省。

【注释】

[1] 维 E。指维生素 E。

16.4.2 生物学基础

16.4.2.1 类型

芝麻不同分枝性，分为单秆分枝型。
分枝强弱有差异，又据多少来区分。
少的只有二三个，多的可把十个生。

叶腋花数也不同，单花三花多花型。
蒴果棱数有四棱，六棱八棱和多棱。
种皮黑白黄褐色，黑色一般受欢迎。
生育长短有差异，早熟中熟和晚生。

16.4.2.2 形态特征

芝麻根是直根系，主根入土一米深。
植株根系分布浅，多数都在浅耕层，
芝麻根系不耐渍，土壤水多易烂根。

茎秆直立基顶圆[1]，中部上部呈方形。
白色茸毛覆表面，长短细密都不等。
茎高可达一米五，三十左右节位生。

真叶下部相对出，上部真叶多互生。
叶子一般无托叶，只有叶片和叶柄。
多数品种是单叶，少数中部复叶型。
叶片披针或卵圆，全缘或者锯齿形。

无限花序芝麻花，茎节叶腋来着生。
花朵柄短苞叶小，外观好似披针形。
五个花瓣合筒状，先端五瓣微裂分。
花冠白色或紫色，唇部单唇或双唇。

蒴果一般短棒状，棱数室数相对应。
每果种子约百粒，种子卵形或扁平。
品种不同颜色异，籽粒较小面光生。

【注释】

[1] 茎秆直立基顶圆。基顶圆指基部和顶部茎秆外观呈圆形。

16.4.3　生育过程

春播夏播或秋播，播期影响生育性。
春播需时五个月，夏播三月能完成。
一生经历五阶段，各期生长有特征。
出苗期是第一段，播种直到子叶平。
春播一般需一周，夏播五天就可行。

出苗现蕾是苗期，缓长茎叶和长根。
夏播需要三十天，期间就把花芽分。
现蕾始花是蕾期，一到两周可完成。
物质积累渐加快，营养生殖相并进。

始花终花是花期，营养生殖均旺盛。
花期长短看品种，还有播期和气温。
夏播可在一月半，春播再长一周行。
芝麻开花节节高，节高花蕾较晚生。
终花成熟成熟期，二到三周可完成。
蒴果种子发育快，营养生长已经停。

16.4.4　对环境的要求

种子萌发十二度[1]，一十六度才苗生[2]。
二十度到二十四[3]，生育期间最适温。
芝麻喜光短日性，品种短日异反应。

北种南引促发育，植株矮小无产能。
南种北引开花晚，植株生长很旺盛。

一生中等需水量，植株对水很灵敏。
田间持水五成下[4]，植株萎蔫旱害生。
田间持水在九成[5]，产生渍害易烂根。
沙壤壤土均可种，结构良好通透性。
盐碱土壤和酸土，黏土芝麻不适应。

【注释】

［1］种子萌发十二度。十二度指12℃。［2］一十六度才苗生。一十六度指16℃。［3］二十度到二十四。指20～24℃。［4］田间持水五成下。指田间持水量为50%以下。［5］田间持水在九成。指田间持水量在90%。

16.4.5 芝麻栽培技术

16.4.5.1 选地整地

芝麻连作伤害大，谷类最宜作前茬。
轮作相隔两年上，生长良好多开花。
芝麻种小顶土弱，精细整地无土垡。
前茬收后及时耕，耙细耱平少粗渣。

16.4.5.2 播种

土壤温度十六七[1]，春播芝麻播种时。
夏播芝麻抢墒种，及早播种不延迟。
单秆亩株一万二，枝型七千就适宜[2]。
条播点播比较好，行距半米就合适。
三十厘米的穴距，单秆较密分枝稀。
播种深度宜较浅，覆土不过三厘米。

【注释】

［1］土壤温度十六七。十六七指16～17℃。［2］单秆亩

株一万二，枝型七千就适宜。单秆指单秆型，枝型指分枝型。

16.4.5.3　芝麻施肥

初花盛花高钾氮，盛花成熟多吸磷。
枝型需肥胜单秆，芝麻还需硼钼锌。
有机肥料配磷钾，基肥施用占七成。
初花期前追速氮，盛花期前磷钾喷。

16.4.5.4　芝麻灌溉

芝麻苗期需水少，耗水最多盛花期。
灌水重点开花时，水不过多无水渍。
禁止大水田间漫，采用沟灌才适宜。

16.4.5.5　田间管理与收获

芝麻子小播种多，间苗定苗要及时。
真叶出现开始间，三对真叶间二次。
四对真叶把苗定，株间不密又不稀。

中耕除草约四次，一二次在定苗时。
三次中耕初花前，四次结合把肥施。
追肥之后应培土，开沟理畦防水渍。

开花末期应打顶，蒴果养分供及时。
这时梢尖显黄色，顶芽生长刚停止。

多数果黄个别裂，芝麻成熟收获时。
早上阴天来收获，预防蒴果掉籽粒。
芝麻小捆竖立晒，轻运轻放少落子。

16.5 苎麻栽培

16.5.1 概述

苎麻属于荨麻科，多年草本是宿根。
普通苎麻白叶种，南方栽培广泛生。
茎秆纤维品质好，制成麻布细平纹。
我国栽培历史久，世界产量占八成。

16.5.2 形态特征

16.5.2.1 根

种子繁殖有主根，上生支根和细根。
无性繁殖无主根，长出许多根不定[1]。
部分肥大肉质状，好似萝卜纺锤形。
根群多在深耕层，细根可达两米深。
入土深浅品种异，深根浅根中间型[2]。

【注释】

[1] 长出许多根不定。指长出不定根。[2] 入土深浅品种异，深根浅根中间型。指根据苎麻根系入土深浅，可把苎麻品种分成深根型、浅根型和中间型。

16.5.2.2 地下茎

地下茎为根状茎，多次分枝可形成。
顶芽侧芽出地面，发育成为地上茎。
一般栽植三四年，地下茎可满地伸。
地下茎的繁殖强，切成小块可再生。
生产一般常作种，无性繁殖称种根。

16.5.2.3 地上茎

苎麻丛生地上茎，浅根松散深根紧[1]。

两米左右植株高，茎秆直立圆柱形。
四五十个茎上节，只是长叶无枝分。

茎秆木质多白色，黄白棕色或绿青。
每季蔸上发新株，一蔸可发十多根。
生长矮小无价值，尽量减少无效生。

【注释】

［1］苎麻丛生地上茎，浅根松散深根紧。指浅根品种苎麻地上茎分布松散，深根品种苎麻地上茎分布紧凑。

16.5.2.4　叶

叶是单叶为互生，卵圆形或心脏形。
叶缘锯齿叶黄绿，绿色深绿有皱纹。
背面茸毛银白色，反光防热是功能。
托叶两片狭长细，七八厘米长叶柄。

16.5.2.5　花果种子

苎麻花序复穗状，雌雄同株花单性。
雄花在茎中下部，雌花一般梢部生。
每簇雄花花七朵，雌花百朵集球形。

瘦果内含一粒种，深褐纺锤椭圆形。
果实有毛颗粒小，种子一般多油分。

16.5.3　生育特点

宿根十到三十年，多的可达百年时。
新栽两年是幼龄，三年进入壮龄期。
壮龄可达几十年，就看环境宜不宜。
植株衰老产量减，更新复壮勿延迟。

一年可收两三季，每季生长三时期。
出苗封行是苗期[1]，二期就是旺长时。
封行之后就旺长，直到秆黑三分一[2]。
工艺成熟是三期，茎秆多黑叶落地。

【注释】

[1] 出苗封行是苗期。指苗期是从出苗到封行。[2] 直到秆黑三分一。三分一指三分之一（1/3）。

16.5.4 栽培技术

16.5.4.1 繁殖方法

种子繁殖需育苗，畦床土细无杂草。
惊蛰左右开始播，薄膜覆盖可提早。
四叶之前土不白，以后看苗肥水浇。
间苗去杂又去劣，十片真叶栽大苗。

分蔸繁殖用种根，细切种根留芽生。
开沟播种放切块，春秋两季都可行。

繁殖可用地上茎，压条扦插皆无性。
压条选用老粗茎，周围开沟船底形。
麻茎去叶压细土，梢部外露五六寸。

扦插穗长六七寸，中下部位成熟茎。
也可利用嫩梢插，苗床湿润需保温。

嫩梢扦插速度快，操作简便受欢迎。
晴天阴天快刀剪，操作要快剪口平。
插条顶留三四叶，长度一般三四寸。
土壤嫩梢需消毒，消毒使用硫菌灵。
苗床湿润易扦插，搭拱盖膜保床温。

揭膜炼苗要适时，麻苗九成五条根。
嫩梢发出新叶时，带土移栽就可行。

16.5.4.2　麻园管理与收获

麻园土壤要深耕，土壤细碎厢面平。
厢宽一般三五米，农家肥料要施匀。
亩株适宜五六千，植株相距正方形。

中耕结合施肥料，苗高三十齐苗施[1]。
苗高六十长秆肥[2]，这是头麻的管理。
二麻三麻长得快，上季收后追即时。

平地栽麻需高畦，雨季清沟防涝渍。
如有伏旱或秋旱，及时灌溉莫要迟。
根腐线虫白纹羽，炭疽褐斑需防治。
苎麻夜蛾黄蛱蝶，天牛防治要及时。

中部叶黄下叶落，皮层木质易分离。
齐地砍麻不伤蔸，随剥随砍才为宜。
砍后中耕早施肥，促苗早发生后季。

【注释】

［1］苗高三十齐苗施。三十指三十厘米。［2］苗高六十长秆肥。六十指六十厘米。

16.6　红麻栽培

16.6.1　红麻的类型

红麻属于锦葵科，洋麻槿麻是别称。
木槿属的一个种，熟期早晚五种型。
早熟四到五个月，六七个月晚熟生。

中熟五到六个月，特早极晚还可分。

16.6.2 形态特征

圆锥根系红麻根，主根粗长两米深。
苗期根长比茎快，旺长期间慢于茎。

三到五米植株高，茎秆直立圆柱形。
茎上节数差异大，晚熟百节可发生。
每节叶腋有腋芽，条件适宜分枝成。
茎的外部凹凸起，表皮附有刺状针。

叶有掌状或全叶，围绕茎秆来互生。
叶柄较长附有刺，叶缘锯齿比较深。
掌状叶中裂片数，不同时期变化分。

单个花生叶腋处，花萼五片短花梗。
花瓣五片淡黄色，花萼基部蜜腺生。

蒴果成熟黄褐色，表生刺毛呈桃形。
红麻种子灰黑色，外观呈现三角菱。
种子没有休眠期，温湿适宜就芽生。

16.6.3 生长发育时期

播种之后五六天，子叶平展出苗时。
出苗之后到裂叶，这是苗期长根系。
出现裂叶到现蕾，植株进入旺长期。
旺长期间茎快长，纤维发育积物质。

现蕾之后到始花，植株进入现蕾期。
营养生殖并进长，营养生长略优势。

始花之后有果熟[1]，植株开花结果期。
盛花之后茎长慢，生殖生长占优势。
三分之二蒴果熟，就是植株成熟时。

【注释】

[1] 始花之后有果熟。指从始花到开始有果成熟。

16.6.4　红麻的生长环境

红麻产地多南方，只因原产热环境。
一生温度要求高，二十六度为适温。
光性属于短日照，日照反应较灵敏。
强光植株较粗壮，出麻率高厚纤层。
弱光植株生长慢，茎秆细软低质生。

播种发芽需水少，苗期需水逐渐增。
田间持水出苗四，苗期持水在六成[1]。
旺长期间需水多，后期水少较适应。
田间持水旺长八，后期六成就可行[2]。

土壤要求不严格，各种土壤均适应。
砂质壤土最适宜，保水保肥厚土层。
钾五氮三磷为一[3]，钾多氮次后是磷。

【注释】

[1] 田间持水出苗四，苗期持水在六成。指出苗期田间持水量40%，苗期60%。[2] 田间持水旺长八，后期六成就可行。指田间持水量旺长期80%，后期60%。[3] 钾五氮三磷为一。指三要素需要量钾∶氮∶磷=5∶3∶1。

16.6.5　栽培技术

16.6.5.1　整地与播种

麻田整地宜提前，最好能早二十天。

上虚下实无土块，土壤碎细地平坦。
土温十五可播种[1]，地膜覆盖可提前。
三十厘米等行距，播种盖土都要浅。
盖后使用除草剂，一般喷施除草丹。

【注释】

［1］土温十五可播种。指土壤 5 厘米处温度稳定在 15℃以上播种比较好。

16.6.5.2 间苗定苗

查苗补缺要及时，一般二次把苗间。
定苗苗高十厘米，植株真叶五六片。
春播亩株一万六，夏播亩株可两万。

16.6.5.3 中耕除草和灌溉

苗期中耕和除草，一般进行三四遍。
苗期注意排渍水，旺长期间防干旱。
旺期灌水有依据，要有依据需三看。
一看土壤表土白，下面土壤难捏团。
二看长势看植株，叶柄上翘生长慢。
三看天气连续晴，多天无雨现天干。

16.6.5.4 施肥

有机肥料作基肥，基肥用量占一半。
播种之时浇粪水，可加少量硫酸铵。
苗肥轻施施两次，尿素粪水来浇灌。
旺长初期重施肥，红麻增产是关键。
尿素配合氯化钾，加施饼肥适宜选。

16.6.5.5 病虫防治

根结线虫炭疽病，立枯灰霉和斑点。

小地老虎和蚜虫，小造桥虫也常见。
综合防治宜采用，化学防治较方便。

16.6.5.6　收获

种用纸用不同熟，果熟较早皮熟晚。
七成蒴果变褐色，砍株晴晒三五天。
如果品种较晚熟，务必收获在霜前。

收皮可迟两三周，纤维质好茎增产。
齐地砍断植株秆，打成小捆运出田。
河湖水塘来沤麻，剥麻漂洗晾晒干。

16.7　亚麻栽培

16.7.1　概述

亚麻属于亚麻科，一年生长之农作。
韧皮纤维工业用，子油食用日渐多。
籽粒茎叶根作药，种子可治头发脱。
种子保健效果好，适应人们新生活。

生产栽培三类型，油用纤用和兼用。
油用兼用称胡麻，近来栽培兴起中。
这里栽培讲油用，纤维亚麻略不同。

16.7.2　形态特征

亚麻根是直根系，主根侧根来组成。
主根一条细而长，入土可达一米深。
侧根多而很纤细，主要分布耕作层。

茎秆形状似圆柱，表面光滑附蜡粉。

上部下部可分枝，下部分枝称分茎。
叶无托叶和叶柄，叶面蜡粉叶互生。

伞形总状之花序，着生主茎分枝顶。
花色蓝白红或黄，可把品种来区分。

果实球形是蒴果，八九十粒种子生。
果实干燥易爆裂，扁卵圆状种子形。
籽粒淡黄棕褐色，富含果胶吸湿性[1]。

【注释】

[1] 富含果胶吸湿性。种皮内含有果胶质，吸食湿性强，易吸湿成团。

16.7.3 生物学特性

16.7.3.1 温光特性

种子萌动始春化，一到四度的低温。
经过十到十五天，春化阶段可完成。
幼苗抗寒喜凉爽，余生喜温天气晴。
亚麻光性长日照，八时日照无花生。
日照一十四小时，光照阶段才进行。

16.7.3.2 水肥土壤特性

多数时间较抗旱，现蕾开花水敏感。
氮多钾次磷较少，相比谷类多需氮。
土壤要求不严格，土层深厚微酸碱[1]。
沙壤土质比较好，抗性较强能耐盐。

【注释】

[1] 土层深厚微酸碱。微酸碱指从微酸到微碱的土壤。

16.7.3.3 生育时期

一生三到四个月，可以分为五时期。
苗期出苗至现蕾，一月左右需经历。
地上缓长地下快，十一二叶始分枝。

蕾期现蕾至开花，营养生殖并进时。
茎秆迅速来伸长，花芽进入四分体。
花期始花至终花，二到三周的花期。
有限花序自授粉，自下而上内外递。

果期终花至成熟，生长果实和种子。
一月以上需经历，种子油分来累积。
最后一个成熟期，麻茎褐色是标志。
茎秆中下叶脱落，蒴果黄褐硬籽实。

16.7.4 栽培技术

16.7.4.1 整地与播种

连作减产病多生，适宜五年来换轮。
前茬收后早深耕，春季耙耱保墒情。
油用亚麻种子小，精细整地地面平。

播种地温七八度[1]，一般春分到清明。
坡地亩株二十万，灌地四十就能行[2]。
十五二十厘米宽，二三厘米播种深[3]。

【注释】

[1] 播种地温七八度。七八度指7～8℃。[2] 灌地四十就能行。灌地指有灌溉条件的地；四十指亩株四十万。[3] 十五二十厘米宽，二三厘米播种深。指行距宽15～20厘米，深度2～3厘米。

16.7.4.2 肥水管理

蕾期吸收养分多，约占全量的五成。
基肥为主来施用，秋季整地施耕层。
种肥磷酸二氢铵，腐熟饼肥把产增。
追肥进行一二次，首次浇水结合行。
初花追肥第二次，氮肥用量要施轻。
现蕾之前浇头水，头水数量要保证。
开花初期浇二水，不要晚浇防贪青。

16.7.4.3 中耕除草

苗期生长很缓慢，麻田容易杂草生。
八九厘米苗高时，首次中耕要抓紧。
浅锄三到七厘米，不要压苗不伤根。
中耕二次现蕾初，一十厘米入锄深。

16.7.4.4 病虫防治

防治炭疽和立枯，还有锈病枯萎病。
亚麻象甲漏油虫，甘蓝夜蛾草地螟。
抗性品种兼轮作，施药防治需对症。

主要参考文献

曹卫星，2011. 作物栽培学总论［M］. 第2版. 北京：科学出版社.

唐永金，2014. 作物栽培生态［M］. 北京：中国农业出版社.

杨文钰，屠乃美，等，2011. 作物栽培学（南方本）［M］. 第2版. 北京：中国农业出版社.

于振文，等，2013. 作物栽培学（北方本）［M］. 第2版. 中国农业出版社.

后　记

作栽重在调株粒，
株粒协调产万斤。
一株一粒皆生命，
生命健康全靠人。
春种夏管株株贵，
秋收冬藏粒粒珍。
知识技术装头脑，
种管收藏就顺心。

图书在版编目（CIP）数据

作物栽培七字歌/唐永金编著.—北京：中国农业出版社，2017.5

ISBN 978-7-109-22894-8

Ⅰ.①作…　Ⅱ.①唐…　Ⅲ.①作物—栽培技术　Ⅳ.①S31

中国版本图书馆 CIP 数据核字（2017）第 091859 号

中国农业出版社出版
（北京市朝阳区麦子店街 18 号楼）
（邮政编码 100125）
责任编辑　黄　宇

北京通州皇家印刷厂印刷　新华书店北京发行所发行
2017 年 5 月第 1 版　2017 年 5 月北京第 1 次印刷

开本：850mm×1168mm 1/32　印张：6.625
字数：200 千字
定价：20.00 元

欢迎登录中国农业出版社网站：http://www.ccap.com.cn
欢迎拨打中国农业出版社读者服务部热线：010-59194918，6508
购书敬请关注中国农业
出版社天猫旗舰店：

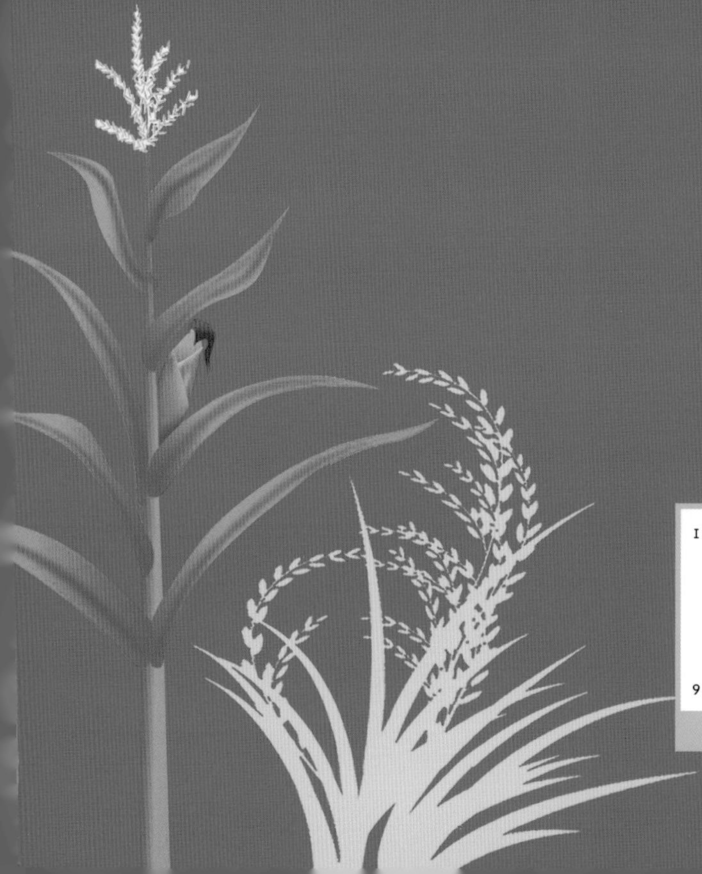

封面设计：杨　璞

定价：20.00元